Trimurti, Elefanta-Höhle

Parinirvana, die große Enderlöschung des Buddha. Felsenskulptur aus dem 12. Jahrhundert, Polonnaruwa, Ceylon

ERLEBNIS INDIEN

WALTER MANGELSDORF

ERLEBNIS INDIEN

BESINNLICHE REISE
VON CEYLON NACH BUDDHA GAYA

IM VIEWEG-VERLAG

Mit 38 Abbildungen.
Die Karte zeichnete Heinz Hübner

Bedeutung der Titel-Vignette

Amritam satyena channam, „Das Unsterbliche (Todlose), verhüllt durch die Realität", enthält in drei Worten den Kern der Weisheit Indiens und zugleich den Kern unserer eigenen: der Kant-Schopenhauerschen Philosophie und der Mystik Meister Eckharts.

Amritam, das Wesen „an sich", ist ganz von der äußeren Erscheinung (satyena) verdeckt (channam): von Name, Gestalt und Werk. So die Brihadaranyaka Upanischad 1, 6, 3 des Yajur Veda.

ISBN 978-3-663-00508-7   ISBN 978-3-663-02421-7 (eBook)
DOI 10.1007/978-3-663-02421-7
Alle Rechte vorbehalten von
Friedr. Vieweg & Sohn, Verlag, Braunschweig
Einband und Umschlag: Professor Kurt Tillessen
1950
Softcover reprint of the hardcover 1st edition 1950

Asato ma sad gamaya
tamaso ma jyotir gamaya
mrityor m'amritam.

Vom Nichtseienden
führe mich zum Seienden,
aus Finsternis zum Licht,
vom Tode zum Todlosen!

(Murmelsprüche der Brahmanen beim
Opfergesang, Brihadaranyaka Upanischad)

INHALT

ZUM GELEIT

Im folgenden will ich versuchen, den Leser mitreisen zu lassen. Er halte mir deshalb Wiederholungen zugute. Ich leihe ihm mein Auge, und das sieht immer wieder dasselbe: stille, dunkle Menschen, wogendes Palmenlaub, kristallene Luft, uralte Baumriesen, graue Einöden, Staub ...

Mit wenigen Ausnahmen betritt der Reisende das alte Land Indien als ein ganz Unbekannter. Da bleibt dann nur das Groteske in der Erinnerung zurück, ein Konglomerat von Halbverstandenem und Unverstandenem. Und doch klingt tief im Baß der eine Orgelton unter der Gestaltenfülle, nicht allen Ohren hörbar — Amritam winkt, DAS TODLOSE, das jenseitige Ufer ...

Wischnu liegt auf der Weltenschlange und schläft. Er träumt einen Traum ab, Mahamaya, die große Welten-Illusion — wir alle träumen sie mit. Einer der Seltenen, die davon erwachten, nannte sich hinfort Der Erwachte — indisch: buddho.

Seit der Niederschrift dieses Buches sind im Äußeren große Veränderungen geschehen: Indien ist eine moderne Republik geworden. Mit der Aschenurne Mohandas Gandhi's — Yogi und Staatsmann in einer Person — versank in den Wasserklüften der heiligen Ganga auch das alte Indien.

Wird das Neue, das jetzt heraufkommt, noch für das Entstehen künftiger Yogis und Rischis die Gelegenheit bieten? Oder wird die höchste Potenzierung des Menschentums für lange, vielleicht unabsehbar lange Zeiten ausbleiben? Nicht für alle Zeiten, so glauben wir, denn die lebendigen Kräfte sind unzerstörbar.

Indien — Bharat heißt es heute wieder — wird sich nach dem Grundsatz von ahimsa, der Gewaltlosigkeit, so wie sie sein Befreier betätigt hat, in ein Land der sozialen Gerechtigkeit und des Wohlstandes verwandeln. Es wird die Maschine, unter der wir Abendländer so schrecklich zu leiden hatten, in seine weisen Hände nehmen, ihr kein Zuviel und kein Zuwenig verstatten, sie nur zum Wohl, nicht zum Leiden gebrauchen.

Nach dem Ablauf der bevorstehenden Epoche der großen Ausgleichung, durch welche auch Indien jetzt hindurch muß, wird sich, so denken wir, ans Ende der Anfang knüpfen, nach unverbrüchlichem Dharma, der „Großen Gesetzmäßigkeit". So entsteht uns die Vision eines Brahmanentums der Zukunft, das von seiner freien Heimat aus die Welt mit Weisheit und Güte durchstrahlt — die alte Heimat des Menschentums wird wieder zu seiner neuen geworden sein.

Ich habe meinen Bericht unverändert gelassen — möge er als einer der letzten aus dem alten Indien hinausgehen.

DER VERFASSER

Zur Aussprache der indischen Wörter:
c = tsch, j = dsch, v = w, y = j; s ist immer scharf zu sprechen; das h nach dem Konsonanten ist hörbar (Landhaus, Backhuhn); e und o sind stets lang.

SEEREISE GENUA—COLOMBO

Trüber Dezembertag im Mittelmeer. Seegang. Ein schwarzer Kohlenhaufen steht dampfend im Meer — der Stromboli. Das Schiff fährt dicht daran vorbei. Am Fuß des Vulkankegels, auf der Grenzscheide von Lava und Wasser, zieht sich ein weißer Häuserstreifen hin. Wenn die Leute vors Haus treten, stehen sie am schwarzen Aschenstrande, treten sie hinters Haus, beginnt gleich der Berg. Der Scirocco fegt die weiße Fumarole über den Kraterrand nach Norden. Manchmal blitzt es rot auf in der Dampfwolke — der Ofen ist immer in Brand. Nach ein paar Stunden ist der dunkle Kegel unterm Horizont versunken.

Es klärt sich auf, wir ziehen durch die Straße von Messina. Breit wie ein griechischer Giebel liegt der schneetragende Ätna über der Stadt.

Noch zwei Tage Seekrankheit, und dann schaukelt das Schiff nicht mehr im Blauen, sondern schwimmt ruhig in der gelben Schlammsuppe des Nils, dessen Wässer dem Delta entströmen.

Nachts in Port Said, Ankerrasseln im weiten Kanalbassin. Durch das Dunkel leuchten Blinkfeuer und eine riesige blaue Lichtreklame „Lipton Tea". Eine Barkasse legt steuerbords an, und ein rotbefezter Dickbauch steigt gemächlich das Fallreep herauf, die Paß- und Kanalkontrolle.

Dann können wir von Bord, die Barkasse saust quer über das nächtliche Bassin, und an der Hafentreppe strecken sich schwarze Hände aus weißen Gewändern entgegen, um uns heraufzuziehen. „Bakschisch" — das erste Wort des Orients.

Gang durch die Basare, man trinkt irgendwo einen türkischen Kaffee mit dem schwarzen Sumpf im Tassengrund, ein Mädchen windet sich im Bauchtanz. Wunderbares Schuheputzen. Der Junge ölt und wischt und knallt zuletzt mit einem straffgespannten Sammetstreifen darüber hin, bis die Schuhe wie zwei Spiegel blitzen.

Ein Mann greift mir unversehens in die obere Westentasche und holt ein lebendes Küken heraus. Piep-piep und Bakschisch. Dann läßt er sich ein Silberstück geben, er will es nicht behalten, nein, er will es der Lady bloß in der Hand verzaubern. Ganz deutlich und silbern liegt es in ihrer offenen Hand — close please — jetzt hält sie es in der Faust — open please —, und es ist nicht mehr der Silberling, sondern eine gemeine Kupfermünze. Der Mann ist im Nu verschwunden. Diesmal hat er nicht Bakschisch gesagt.

Eine Nachtfahrt in der Maultiertram bringt uns durch die Araberstadt. In lichterglänzender, offener Halle findet eine Totengedenkfeier statt, bärtige Turbanköpfe sitzen an den Wänden entlang, brummeln, nicken und trinken Kaffee, während der Mullah näselnd Koranverse singt, wobei der Singeton immer wieder in den Konsonanten hängenbleiben will, in nnn und lll, als ob er stotterte.

Schwarzverschleierte Frauen gehen durch die Nacht, sie gucken neugierig über ihre Schleierwand nach uns hin, wie heimlich über einen Zaun.

Zwei Stunden später steigen wir wieder das Fallreep der „Trier" hinauf, mit neuen Tropenhelmen auf dem Kopfe.

Um Mitternacht sind wir schon im Kanal. Im Scheinwerferlicht zieht das Riesenschiff langsam durch das grüngraue Wasser. Seine Bugwelle überspült die niedrigen Lehmufer, und auf der asiatischen Seite bröckelt es bedenklich ab. Im Lichte des Scheinwerfers ziehen Kamelkarawanen wie Gespenster im Schneckengang vorüber.

Am hellen Morgen schwimmen wir im großen Bittersee und warten. Die Salzseen sind Ausweichstellen des Verkehrs. Dort drüben auf der ägyptischen Seite ist ein Obelisk zu erkennen, das Denkmal für den ersten Kanalbau. Schon vor dreitausend Jahren war hier gegraben worden — da rief ein Priester-Seher dem Pharao zu: „Deinen Feinden gräbst du den Kanal!" Und der Bau ward eingestellt. Unter demselben König Necho von der 26. Dynastie aber wurde Afrika schon umschifft. „Sie hatten die Sonne zur rechten Seite, im Norden", berichtet Herodot, „möge es ein anderer glauben, ich glaube es nicht."

Es ist kalt und scharfer Wind zieht von der Wüste herüber. Diese Klarheit der Luft! Fern stehen Sandberge rosa im Morgenlicht. Unzählige weiße Pinseltupfen schweben über dem milchigen Opalblau des Sees — die dreieckigen Segel der Nilbarken. Sonst aber ist nichts zu sehen als Himmel und Wüste und das Schiff.

Dort liegt ein rosa Streifen im Wasser — jetzt fliegt er leuchtend auf — eine Legion Flamingos. Endlich kommt der begegnende Eisenkahn in Sicht und die Anker gehen hoch. Noch einen ganzen Tag dauert die Kanalfahrt. Nachts wird Suez passiert, ein Lichterstreifen. Dann sind wir in voller Fahrt im Roten Meer.

Hohe rosa Schuttkegel stehen im Osten, wie von Erdarbeitern aufgeworfen, dahinter türmt sich das gewaltige Massiv des Sinai, grandios und öde. Es wird wärmer, die See flimmert in kleinen Wellen. Zwei Tage später werden die „Apostel" passiert, zwölf Vulkaninseln. Schwarz liegen die gewaltigen Lava-Abfallhaufen im Meer; sie sind gänzlich unbewohnt. Dann kommt die Insel Perim in Sicht, Englands Pförtnerloge in der Straße von Bab el Mandeb, und wir passieren das „Tor der Tränen" in der Nacht bei lautem Bordfest und abscheulicher Musik. Es wird sommerlich heiß, und weiße Uniformen erscheinen an Deck. Kap Guardafui, ein fernes Vorgebirge, zeigt die Silhouette eines ruhenden Löwen mit vorgestreckten Pranken.

Jeden Mittag Punkt zwölf wird auf der Kommandobrücke gepeilt. Die grüne Sonnenkugel im Sextantenglas sinkt auf den Horizontstrich hinab und dann wird abgelesen.

Inselgebirge Sokotra, Palmstrand und Negerhütten, schwarze Leute sind zu erkennen. Ein Sultanat unter britischer Macht.

24. Dezember, Heiligabend, stürmische See.

25. Dezember. Es ist wieder ruhig, warmer Monsun zieht von Nordost. Beethovens Waldstein-Sonate ertönt über den Ozean, die Gefährtin spielt im Salon, und Ladies und Gentlemen lauschen.

Siebzehn Tage sind wir schon auf See. Ich vertreibe die Langeweile der Bordhaft mit Pali-Studien, der alten Sprache des Buddhismus. Eine wirkliche Freude ist das allmorgendliche Wannen-
bad im Aquamarinblau — fürs Auge wohltätiger als fürs Herz.

Wir schweben jetzt in fünftausend Meter Höhe über dem
Grunde und nähern uns dem Äquator. Am 28., mittags, wird die
Insel Minikoi von der Malediven-Gruppe passiert. Vom Brandungs-
schaum umrahmt, liegt das Atoll in der dunkelblauen See. Hellgrün leuchtet die stille Lagune wie ein Streifen von Chrysopras —
es ist das erste Farbenspiel der Tropen! Grauer Palmenwald zieht
sich kilometerweit in die See hinein, ein weißer Leuchtturm steht
dazwischen, ein paar Menschen schauen vom Strande herüber —
dann versinkt das Eiland wieder in seiner Meereseinsamkeit.

Abends niegesehenes Wolkentheater: Rosa Riesentürme stehen
starr und unbewegt über dem Horizont bis zu zehn Kilometer hoch!
Es muß wohl die Tangentialkraft sein, die sie auf diesen Breiten-
graden so emporreißt; denn dort oben ist es ganz windstill.

Zwei Jahre später wird der Dampfer „Höchst" vom Nordlloyd,
das Schwesterschiff unserer „Trier", hier auf Grund laufen und
verlorengehen. Es war dem Atoll zu nahe gekommen — ein Stoß,
ein Knirschen, und sein eiserner Bauch saß auf der weißen Koral-
lenbank fest, unablösbar. Die Besatzung konnte zur Insel hinüber-
rudern und mußte untätig zusehen, wie die Kopraladung, vom
Seewasser durchnäßt, zu schwelen begann, bis offenes Feuer aus-
brach und das ganze Schiff zerstörte. Für lange Zeit werden die
schwarzen Eisenwände des Wracks in der See stehen, gegen das
Himmelsblau des Südens, das hell die leeren Bullaugen ausfüllt —
ein Warnsignal für Vorüberziehende, eindringlicher als der weiße
Leuchtturm da drüben.

Fern im Norden gebrochenes Land, Punkte bilden sich, wan-
dern ... es klumpt sich zusammen, schwebt über dem Horizont —
die Spitze Indiens. Und kurz nach sechs blinkt im Dämmerblau
das Licht von Colombo auf, freudig erregend ...

Nach vier Stunden, im Dunkel, gehen wir von Bord, das lichter-
helle Fallreep hinab, in eine strömende Tropenregendusche hinein,

bei Donner und Blitz. Es fließt vom Tropenhelm. Zum erstenmal
benützen wir ihn, und gleich wird er pitschnaß. Motorboot, die
ersten braunen Menschen ... Dann warten wir im Gepäckschuppen,
die Zollbehörde schläft. Endlich, um Mitternacht, sind die wenigen
Indienreisenden abgefertigt. Der Guß ist vorüber, das Atmen eine
Lust. Und nun die Hafentreppe hinauf, und wir betreten
das Land ...

CEYLON

Halbnackte, barfüßige Singhalesen tragen lautlos das Gepäck. Die Straße liegt voll Schlafender in der warmen Luft. Im Bristol-Hotel schläft auch alles, nur eine fingerlange Riesenschabe kommt quer durchs Vestibül zur Begrüßung auf uns zugerannt. Kein brauner Fuß wird sie zertreten, — hier sind wir in Buddhas Land, wo sie die gleichen Rechte hat wie wir. Die sechsköpfige Gepäck-Karawane durchwandert lautlos stille Korridore, kein Schritt ist zu hören, sie sind barfuß, und wir selbst laufen auf Gummi. Kein Wort wird gesprochen. Wir erleben Indiens Stille zum erstenmal, diese himmlische, selbstverständliche Stille des ganzen Landes … Braune Schläfer liegen in weißen Kleidern in den Türprofilen, Diener vor den Zimmern ihrer Herren und Hüter ihrer Nachtruhe. Oben im rosagetünchten, fast möbellosen Zimmer stellt der braune Manager den Fan an, den großen Windpropeller — das ist das erste Geräusch — und dann schlafen wir gut unter Moskitonetzen in dieser ersten Nacht.

Krähengeschrei weckt uns — die Fensterläden auf! Indiens Himmel, Indiens graue Krähen, helle Häuser und sanfte Luft … Ein Naturboulevard mit dunklen Bäumen auf roter Erde, eine Tram klingelt, halbnackte Fußgänger ohne Eile und ruhevoll Hockende in jedem Schatten. Die Luft ist klar wie ein Kristall. Ein feiner Duft von Curry dringt herauf …

Im Nu ist Toilette gemacht, ins offene Hemd, in leichteste Kleider, Strümpfe überflüssig, Gummisohlen, Tropenhut auf, und man ist fertig, wie ein Vogel beim morgendlichen Abflug vom Nest. Ach nein, man ist ja ein Mensch und beginnt den Tag sogleich mit einem Fehler: dem Frühstück. In heißen Ländern verdirbt man sich den halben Tag damit.

Curry-Reis verbrennt den Rachen, und tintenschwarzer Tee löscht den Brand. Bananen grün und klein — aber welch ungeahnter Wohlgeschmack! Ananas und das Erlebnis neuer Früchte. Das braune Mädchen am Serviertisch dreht uns den nackten Rücken zu. Ihr schwarzer Haarknoten wird von einem übergroßen Schildpattkamm gehalten. Jetzt wendet sie sich um und erschreckt uns durch einen langen Schnauzbart — es ist der Kellner.

Es wäre ganz zwecklos, vom unglaublich langen Menü etwas abzubestellen. Der Mann legt trotz allen Protestes den Teller voll und serviert mit eiserner Ruhe weiter, die Gabeln sorgfältig an den Zinken haltend. Was übrigbleibt, werden die Bettler essen oder die Ameisen. Der Fan saust, Tüllgardinen fliegen, Krähen schreien, und durch offene Fenster und Türen leuchtet hellste Luft...

Beim Verlassen des Hotels schießen sogleich zehn Rikschah-Männer auf uns zu, und nun genießen wir zum erstenmal dieses wunderbare Menschenfuhrwerk, das jedes andere in den Schatten stellt. Im Trab läuft das schmale beturbante Kerlchen vornübergeneigt und lautlos auf blassen Sohlen durch menschenvolle Straßen und Palmenroads, über die roten Wege von Ceylon... Man sitzt zwischen zwei hohen Rädern und schaut... Es geht die große Straße nach Mount Lavinia entlang, durch unbeschreiblichen Palmenwald, klein stehen Häuser und Menschen unter den wogenden Blatthäuptern... Eine Hindufrau trägt Wasserkrüge in edler Haltung, ein schwarzer Scheitel glänzt, der rote Punkt Schiwas brennt auf der braunen Stirn und ein Blick aus Emailleaugen trifft uns.

Das erste Ziel muß ein Besuch beim Tathagata sein. Tathagata, „Der den höchsten Gang Gegangene", so hatte sich der Buddha selbst genannt. Ein weißes Villen-Tempelchen steht zwischen Palmstämmen im Bananengrün, daneben leuchtet die tünchweiße Dagoba, eine Reliquienkuppel von der Form einer riesigen Handglocke.

Wir treten ein. Schwer und süß durchduften Blüten vom Jasminbaum den kleinen Raum — Buddhas Religion ist zuerst ein

Nasenerlebnis. Blumenopfer liegen zerstreut auf den Tischen vor den drei gelb-bunten Stuckfiguren des „Erwachten Meisters", die ausdruckslos herabsehen, riesengroß, das halbe Zimmer bis zur Decke anfüllend: sitzend in der Meditation, stehend in der Lehrverkündigung und liegend ins Nirwana eingehend, auf der rechten Körperseite, die rechte Hand unterm Kopf, auf sauberer gelber Schlummerrolle. Im Vorraum fletschen bunte Dämonen die Zähne. Da stehen auch unsere Schuhe. Wir haben sie der Sitte gemäß ausgezogen und ernten dafür höfliche Begrüßung von seiten des gelbgewandeten Mönchs und kühle Wohltat für die Füße. Ein junger europäischer Landsmann ist indessen unbekümmert mit Schuhen eingetreten, ja, er steckt sich eine Zigarette an, hier beim Tathagata, und niemand verwehrt's ihm ... Im Hof begrüßen wir die ersten Bhikkhus (Mönche), glanzköpfig geschorene Jünglinge in knallgelben Gewändern.

Und hier steht auch der erste dunkle Bo-Baum, ein Bruder jenes Baumes, der in der Gangesebene auf mich wartet und Ziel meiner Reise ist: eine hohe Espenart, das herzförmige Laub hängt matt und zittert.

Ein bildschöner Singhalesenknabe spricht uns an, feinschädelig, schwarzscheitelig, wohlerzogen; er lacht aus weißer Zahnreihe und lädt uns ein, seinen Onkel, Herrn Dharmapala, zu besuchen, welcher Haupt der buddhistischen Mahabodhi-Society ist (der Gesellschaft vom Heiligen Bodhi-Baum). Der Alte liegt auf dem Krankenbett und freut sich auf den Tod. Wir setzen uns zu ihm und unterhalten uns, so gut es unser Englisch erlaubt. Mit den gütigsten Worten und Gebärden werden wir verabschiedet. Die jungen Mönche draußen belächeln und bezwinkern uns. Ein gelbgewandiger Thera (ein alter Mönch) erscheint zu freundlichem Gruße. „Do you speak Pali?" Graue Greisenaugen in dunklem Gesicht.

Die Rikschahs ziehen uns zu den Frischwassertanks hinauf. Von der Höhe des Hügels genießen wir den ersten Rundblick, fernhin nach den blauen Bergen von Ceylon ... Unermeßliche Kokospalmenwälder schwanken ringsum, mächtige Blattkronen auf

Polonnaruwa, Rundtempel

Rankot Dagoba, Ceylon

Mihintale, Dagoba

schlankem Stiel, ewig biegt sie der Wind. Das Hügelland ist ganz bemoost davon, als dicker Pelz zieht sich's darüber hin, bergauf, talab ... Unbeschreibbar ist die Klarheit der Luft.

Sumangala, der schmächtige Rikschahmann, pflückt der Lady im Vorbeigehen einen Armvoll Blütenzweige — könnte man den doch als Neujahrsgruß nach Hause senden! Rote Baumblüten, gelbe Baumblüten. Mimosa pudica wächst als Gras in ganzen Wiesen. Ihr sensibles Blatt erschrickt bei der Berührung durch den Schuh und schließt sich augenblicklich; kaum wagt man aufzutreten. Die unsagbar süße Tempelblume, eine Gardenie, blüht als weißer Lilienkelch unmittelbar aus dem Holz hervor, ohne Blatt, ohne Stiel; sie opfern diese Blüten dem Buddha. Es ist das einzige Opfer, das er annimmt. Nur die reinen Blüten sollen es sein, kein Grün, keine Knospe. Auch darf der Geber nicht daran gerochen haben, sonst wäre der Wert der Gabe gemindert.

Die Rikschahs rollen durch die Cinnamon-Gardens, die Zimmet-Gärten. Dünn stehen die Bäumchen, und gelbes Laub liegt umher — wie lieblich und stark das duftet, jedes welke Blatt, alle Rinden. Kakaobäume hängen ihre grünen Schoten so unmittelbar aus Stamm und Ästen heraus, als habe sie jemand dort aufgehängt — ein Capriccio Brahmans: „Mich langweilt das Einerlei", scheint er zu denken, „ich will's einmal anders haben."

Unsere „Fuhrleute" traben über Siena-rote Wege, die Farbenpalette dieses Landes ist vollkommen. Frisches Bananengrün, vom Sonnenlicht durchflutet, wirft helle Flecken in das Bild und erheitert unmittelbar die Seele. Entzückende Bungalows stehen offen, mit glaslosen luftigen Fenstern und Veranden unter weit vorspringendem Dach. Halbe Türfüllungen lassen den Monsun durch alle Zimmer streichen. Eine junge Singhalesin geht den Weg entlang, in wehendem Gewand, das von Rosa nach Orange verläuft; der herrliche Scheitelstrich glänzt im nachtschwarzen Haar, nacktbraune Arme hängen herab, mit silbernem Schmuck.

Zum Lunch gibt es wieder Curry-Huhn mit Reis und die kleinen aromatischen Bananen, dazu Ginger-Ale, einen brennenden Ingwer-Trank.

Die Visite bei der Polizei ist höflich und schnell erledigt. „Did you come to shoot anything?" — „No." — Bei Cook mieten wir einen Singhalesenboy. Auf seinem braunen Kopf sitzt eine graue Rodelmütze. Er ist stolz darauf, getaufter Christ zu sein, und trägt den Namen seines sonst, ach so erfolgsarmen Taufpastors. Heute brauchen wir seine Dienste noch nicht.

Am Nachmittag lassen wir uns durch die Pettah ziehen, die Eingeborenenstadt. Überall riecht es nach Curry und Jasmin, dem typischen Geruch Indiens.

Dann halten die hohen Räder unserer Rikschahs vor etwas ganz Neuem: vor der grellbunten, figurenerfüllten Fassade des ersten Hindu-Tempels. Ich glaube, es gibt für den Reisenden nichts so Überraschendes wie den Anblick des ersten indischen Tempels. Man fühlt sich plötzlich um dreitausend Jahre zurückversetzt. Aber nicht Ägyptens Versunkenheiten sind das, nicht die Ruinen Griechenlands: das hier ist *lebendes* Altertum, ein Tempel der Schakti, der unvergänglichen Weltenkraft, die ewig nur ihre Gestalten wechselt, nie das Wesen — das ist Indien!

Ein tamilischer Brahmane, hochgewachsen, die helle Schnur seiner Kaste quer über behaarter Brust tragend, läßt uns eintreten. Da flammen Schiwa und Schakti, das göttliche Ehepaar, im Lichterkreis, wild lärmt eine Trommel wie Keulenschläge. Der Brahmane hält uns zurück, wir sollen den heiligen Steinbildern nur auf drei Schritte nahen. Schwarz verrußt, verschmiert mit Opferbutter und kaum noch zu erkennen, tanzt die Göttin auf dem gefesselten Schiwa. Öllämpchen umflackern die kleinen klumpigen Gestalten.

Schakti — auch Kali genannt, die „Schwarze" — ist das Symbol der großen Lebenskraft, die souveräne Herrscherin der Welt. In allem und jedem Wesen erkennt sie sich wieder. Entsetzlich ist das Bild der Göttin anzusehen. Mit vielen Armen um sich schlagend, tanzt sie auf dem gefesselten Gott. Ihre weit herausgestreckte Zunge trieft noch vom blutigen Mahl. Am Halse hängt ihr eine klappernde Schädelkette, ein Schurz von abgeschlagenen Menschenhänden dient ihr als Lendentuch. Einer ihrer vielen Arme schwingt ein abgeschlagenes blutiges Männerhaupt, ein anderer wirbelt ein Schwert... Kali ist der „blinde Wille zum Leben". Gott Schiwa (der Intellekt) ist sehend — aber gefesselt; er muß dem Tanz der Rasenden zuschauen und kann sich nicht rühren. Das Bild ist nicht zu überbieten an Großartigkeit, aber auch nicht an Rücksichts- und Schönheitslosigkeit. Es ist verhüllte Schopenhauerische Philosophie. Schopenhauer war der Philosoph, dem als Erstem die Aufspaltung der Persönlichkeit gelang: in Wille und Intellekt. Für die bis dahin für einheitlich gehaltene Seele blieb kein Platz mehr übrig. Auch in Indien hat man nicht das Bedürfnis empfunden, das ungeheure, keine Rücksicht kennende Weltgeschehen zu beschönigen — Gott ist selbst in seine unerbittliche Maschinerie geraten und muß leiden.

Dort steht noch das Steinbild Ganeschas, des elefantenköpfigen Sohnes der beiden. Fürchterliche Ungestalt! Er sitzt aufrecht auf den Hinterbeinen, sein Bauch hängt vornüber, und die Vorderfüße halten einen Teller mit Reisklößen, von dem der dicke Rüssel nascht. Und worauf sitzt der Koloß? Auf einer Ratte!

Der Priester behängt uns mit dem Jasminkranz und bietet aus einer Büchse roten Puder zum Farbsiegel für die Stirn an. Auf der Büchse steht: I. G. Farben, Höchst. Dann erhält der Gast zwei Hände voll Tempelbananen, und der Priester den Tip.

Die Rückfahrt gibt uns einen Begriff vom gärenden Indien. Hier im Hindu-Bezirk ist man laut und sieht die Fremden durchaus nicht freundlich an, ja sogar Schimpfworte sind zu hören. Welcher Kontrast zur Sanftmut des singhalesischen Buddha-Volkes! So sind wir froh, die dunklen Gassen hinter uns zu haben und erreichen erst um Mitternacht das Hotel.

Die Nacht ist so warm und klar, und wir mögen noch nicht zur Ruhe gehen. Drüben erstrahlt das Haus einer Buddhist-Association im Lichterglanz. Im Saale des ersten Stocks hockt es mattenvoll, Männer und Frauen getrennt, um einen Pavillon voll eng im Kreis sitzender gelber Mönche, Bhikkhus. Kahle Hinterköpfe glänzen uns an. Sie singen näselnd und tremolierend die „heilige Zufluchtsformel":

Buddhang saranang gatschaami . . . dhammang saranang
ssanghang saranang gatschaami . . .   [gatschaami . . .

zum Buddha nehme ich meine Zuflucht . . . zur Lehre . . . zur
Mönchsgemeinde . . .

Und zum zweitenmal und zum drittenmal ... Dann umziehen sie sich mit einer Schnur. Es ist eine langweilige Zeremonie, wohl die Ordination eines Novizen. Die Gemeinde macht einen sehr frommen Eindruck, sie heben die zusammengelegten Handflächen in Gebetshaltung zur Stirn.

Es folgt eine Theatervorstellung. Der alte König von Anuradhapura hat einen Sadhu (einen heiligen Yogi) enthaupten lassen. Nun steckt der bleiche Kopf auf einem Zaunpfahl, und zum Entsetzen des Königs beginnt er zu sprechen, mit monotoner Stimme, singhalesisch näselnd. Ein Dialog entspinnt sich, wohl eine Erzählung aus dem Jatakam, der buddhistischen Märchensammlung, der ältesten der Welt. Hier ist alles Religion.

Es ist schon zwei Stunden nach Mitternacht, wir verweilen noch lange am Strande von Galle Face. Die Nacht blitzt und flimmert so klar, schwarz steht der Himmel über der See, schwarz der rauschende Palmenwald, die Kleider flattern in der heißen Brise, und weit draußen am Riff leuchtet der Brandungsstreifen auf und donnert sein ewiges Fortissimo.

DIE BUDDHA-NONNE

> Gar wenige des Menschenvolks
> Durchkreuzen diesen Weltenstrom —
> Das ganze übrige Geschlecht
> Eilt nur am Ufer hin und her.
>
> (Dhammapadam)

Die Rikschahläufer sind schon am Ende ihrer Kraft, als wir nach schöner Irrfahrt im Palmenwald von Naharen-Titta anlangen, wo die Uppalavanna wohnt, die deutsche Buddha-Nonne. Ihre weiße Steinhütte ist das letzte Haus des Kokosdörfchens. Kinder laufen hinein und rufen sie.

Im Türprofil erscheint eine Gestalt in fahlgelbem Gewande. Ist es ein Mann oder eine Frau? Der Kopf ist geschoren, das Gesicht gebleicht und kränklich vom Tropenklima. So sind Geschlecht und Alter auf den ersten Blick nicht zu erkennen. Aber jetzt kommt ein leichter Glanz der Freude in ihr Auge — sie sieht Landsleute und kann wieder einmal in der Muttersprache reden. Wie freundlich sie uns begrüßt! Doch nur der Gefährtin reicht sie die Hand — nicht mir, das verbietet sich durch „Sila", die sittliche Zucht. Zwar gibt es eigentlich keine Nonnen (Theri) mehr, denn der Frauen-Orden ist ja schon seit langem erloschen. Darum nennt sie sich Upasika, Laienanhängerin, obgleich sie doch eine ganz echte Asketin ist. Frauen, die das mönchische Leben hier führen, sind außer ihr so gut wie gar nicht anzutreffen. Sie lebt ganz allein.

Gespräch. „Ich empfehle Ihnen Metta-Übungen, das Aussenden von Güte-Gedanken in alle sechs Himmelsrichtungen (auch nach oben und unten). Das gibt so gute Träume; ich schlafe nie ohne Metta ein."

Möge es allen Wesen wohlergehen! ist das einzige „Gebet" der Buddhisten, wenn man es so nennen will. Im Buddhismus gibt es kein Gebet, sie bitten um nichts, es ist auch keiner da, der gebeten werden könnte, kein Gott; wiewohl es Götterwelten gibt, das heißt, freudvolle Orte in der Unermeßlichkeit des sichtbaren und unsichtbaren Kosmos. Die Metta-Meditation heißt dementsprechend auch brahma-vihara-bhavana, „Verweilen in seliger Brahmawelt".

Die Nonne spricht von der Vergänglichkeits-Meditation: „Die Vergänglichkeit allen Seins überdenkend, betrachte ich, wie ich beim Gehen mich selbst hinter mir zurücklasse."

Sie ist lange in Japan gewesen und liebt die leeren Zimmer. „Seit acht Jahren lebe ich von der Almosenspeise des Landes (dana), die genügend und in verehrender Haltung gespendet wird ... Geld rühre ich nicht an ... Ich bin ohne Jugend unter älteren Menschen aufgewachsen, dann hat mich schwere Krankheit zur Pabbajja gereift, zum ‚Austritt aus der Welt' ... Das Klima des Tieflandes ist ganz ohne Abwechslung und bekommt mir nicht. Ich hatte früher viel Musik getrieben, und noch heute quälen mich die alten Melodien ... Selten besucht mich jemand, vielleicht einmal die Frau des Konsuls; die deutschen Mönche, die in Dodanduwa leben, sehe ich kaum. Zu Weihnachten schenkte mir der Mönch Vappo ein neues Schermesser ... Die meisten von ihnen sind wieder fort, einer hat geheiratet, warum nicht, ein jeder geht seinen Weg ... Nyanatiloka übersetzt jetzt den Visuddhi-Magga, den ‚Reinheitspfad' ins Deutsche ..." Wir kommen auch auf das Neue Testament zu sprechen. „Arm im Geiste", meint sie, „das ist das vom diskursiven Denken entleerte klare Bewußtsein — der Zustand ist im Orden gut bekannt ..."

Wir sitzen auf Stühlen vor ihrer Hütte zwischen hohen Palmstämmen, Kinder nahen sich in verehrender Haltung, legen die Hände im Pranam vor der Stirn aneinander und bringen Kokoswasser von frischen Nüssen. Es schmeckt warm, fade und klebrig, ist aber nahrhaft und keimfrei; die Uppalavanna lehnt ab, sie nimmt „Nahrung nicht zur Unzeit" ... Ihr Name bedeutet Blaue Lotosblume, ihrer blauen Augen wegen. Früher war sie Fräulein B., Tochter und Erbin einer Berliner Bankiersfamilie — aber diese Tochter hat ihrem Erbe entsagt und lebt längst nicht mehr, und es gibt nur noch die Buddha-Nonne Uppalavanna ... Aus ihrem

Wesen leuchtet Güte und Leidenschaftslosigkeit — sabba-sankhara-samatho ist das Ziel, das „Zur-Ruhe-Kommen aller Gestaltungen", oder asavanang-khayo, das „Versiegen der Einflüsse", mit einem Wort: Die Aufhebung des Leidens.

Ich besitze drei Briefe von ihr von 1933 und 1934, eine lange, zierlich-handgeschriebene Abschrift über Anapanasati, das „klarbewußte Atmen", jenen Kernpunkt der buddhistischen Erlösungspraxis (wovon weiter unten die Rede sein soll), und den Abdruck ihres Briefes an einen Berliner Buddhisten — eines so schönen Briefes, daß ich mich nicht enthalten kann, ihn hierher zu setzen:

Colombo, 14. August

„Liebe Schwestern und Brüder!

… Abgesehen von Ehrwürden Nyanatiloka, Vappo und einem neuen Samanero sind von den Deutschen, die hierherkommen, alle wieder fortgegangen. Es war immer nur Strohfeuer. An den ‚vier Asketengefahren' (Anguttara Nikaya, Viererbuch 122) scheitern alle, und die meisten schon an der ersten! *)

---

*) *Die vier Asketengefahren.* „Da, ihr Mönche, ist ein edler Jüngling, von Zuversicht erfüllt, fort vom Hause in die Hauslosigkeit gezogen. Und er denkt: „Verfallen bin ich der Geburt, dem Altern und Sterben, dem Kummer, Jammer, Schmerz, Gram und der Verzweiflung, dem Leiden verfallen, vom Leiden verzehrt. Ach, daß doch das Ende dieser ganzen Leidensfülle sich offenbaren möchte!" — Ihn aber, der so der Welt entsagt hat, ermahnen und weisen die Ordensbrüder zurecht, so nämlich: „So sollst du hinzugehen, so sollst du weggehen, so sollst du hinblicken, so sollst du wegblicken, so sollst du dich beugen, so sollst du dich strecken, so sollst du Almosenschale und Gewand tragen." Da wird ihm also zumute: „Wir, die wir früher Hausleute waren, haben die anderen ermahnt und zurechtgewiesen. Und diese hier, die wohl unsere Kinder oder Enkel sein könnten, glauben uns ermahnen und zurechtweisen zu müssen." Und voll Verdruß und Ärger gibt er die Askese auf und kehrt zu dem niedrigen Weltleben zurück. Dieser Mönch, ihr Mönche, sagt man, hat aus Furcht vor der Gefahr der Flut die Askese aufgegeben und ist zu dem niedrigen Weltleben zurückgekehrt. Die Gefahr der Flut aber, ihr Mönche, das ist eine Bezeichnung für Zorn und Verzweiflung. Das, ihr Mönche, nennt man die Gefahr der Flut.

Was aber, ihr Mönche, ist die Gefahr des Krokodils? Da wird ihm also zumute: „Wir, die wir früher Hausleute waren, kauten, aßen, schmeckten und tranken, was wir wollten; und was wir nicht wollten, das kauten, aßen, schmeckten und tranken wir eben nicht. Erlaubtes und Unerlaubtes

Es ist schade, daß man in Deutschland so gar keinen Begriff zu haben scheint, was für Pflichten man auf sich nimmt, wenn man hier das gelbe Gewand ergreift. Die Leute, die aus dem Westen kommen, gebärden sich alle so, als ob es eine Gnade und Barmherzigkeit wäre, daß sie hierherkommen. Und doch essen sie alle das Almosen des Landes und kommen alle als noch ganz Unwissende, ganz Ungesammelte, ganz Ungeschulte. Und alle lassen sich beim Herkommen ein Hintertürchen offen: ‚Wenn es nicht geht, geh’ ich eben wieder nach Hause.‘ Es ist ein Abenteuer, auf das sie ausgehen. Unter hunderten aus solchem Menschenmaterial findet vielleicht ein einziger Mönch seinen Weg zum Ziel. Vielleicht, das heißt, wenn ihm dann die Augen über sich selber aufgehen. Nein, was man hier braucht, sind Menschen, die ein gutes Benehmen haben oder gewillt sind, es sich anzueignen.

Die Aufgabe eines, der das gelbe Gewand anlegt, besteht nur noch im Aufgeben. Das ist das Schwerste, was es gibt, denn man lebt nicht nur ein paar Tage so, sondern für den Rest des Lebens, und das mag viele, viele Jahre sein. Asketenleben muß echt gelebt sein, wenn es Freude bringen soll. Alle, die es wieder aufgeben,

---

aßen und tranken wir. Zur rechten Zeit und zur Unzeit aßen und tranken wir. Und bieten uns da gläubige Hausleute bei Tage zur Unzeit Gutes zum Essen an, so versperren diese (anderen Mönche) einem gleichsam den Mund!" Und voll Verdruß und Ärger gibt er die Askese auf und kehrt zu dem niedrigen Weltleben zurück. Das, ihr Mönche, nennt man die Gefahr des Krokodils.

Was, ihr Mönche, ist die Gefahr des Strudels? Dort erblickt er einen Hausvater oder den Sohn eines Hausvaters inmitten des Besitzes und Genusses der fünf Sinnesfreuden. Da wird ihm also zumute: „Wahrlich, wir, die wir früher Hausleute waren, lebten inmitten des Besitzes und Genusses der fünf Sinnesfreuden. Meine Familie besitzt ja Vermögen! Und man kann sich des Vermögens erfreuen und obendrein gute Werke tun. Wie, wenn ich nun die Askese aufgäbe und zu dem niedrigen Weltleben zurückkehrte?" Und er gibt die Askese auf und kehrt zu dem niedrigen Weltleben zurück. Das, ihr Mönche, nennt man die Gefahr des Strudels.

Was aber, ihr Mönche, ist die Gefahr des Haies? Dort erblickt er ein Weib halb angekleidet oder nur dünn verhüllt. Beim Anblick des Weibes aber, das halb angekleidet oder nur dünn verhüllt ist, bemächtigt sich die Begierde seines Herzens. Und, das Herz von Begierde besessen, gibt er die Askese auf und kehrt zu dem niedrigen Weltleben zurück. Das, ihr Mönche, nennt man die Gefahr des Haies." (Von Nyanatiloka übersetzt)

haben das nicht gekonnt, haben nicht genug Vertrauen gehabt, sind der Weisung des Meisters nicht gefolgt, sind ohne Freude geblieben. Darum — weg die Hände vom gelben Gewand, wenn man nicht sein Leben dafür hinzugeben gewillt ist. Aber wenn man es kann, dann folgt auch von allen Seiten Rat und Hilfe im Hinblick auf das Richtige über die Vertiefungen, denn die Augen werden scharf für alles, was man braucht, selbst wenn man keinen Unterweiser darin hätte. Und immer unerschütterlicher wird die Gewißheit: Das Ziel ist erreichbar. Warum also sollte ich es nicht erreichen? — Und eins sollte unter allen Umständen dem Entschluß vorausgehen, das gelbe Gewand anzulegen: das ist ,dana‘, eine hohe Bereitwilligkeit im Spenden sollte da sein. Man muß spenden, richtig spenden können, um richtig Spende entgegennehmen zu können. Was soll man dazu sagen, wenn man erfährt, daß Neulinge sich empören, wenn der Speiseordner dem Ordensältesten einen etwas größeren oder besseren Bissen in die Almosenschale tut als ihnen selber! Oder, wenn die Hütte des Ordensältesten etwas größer ist?

Auf die Frage nach dem Klima hier ist zu antworten, daß ein Mann wohl kaum Schwierigkeiten hat und sich bald gewöhnt. Außerdem steht einem Mann hier alles offen, sei er Bhikkhu (Mönch) oder nicht. Er kann jederzeit den Aufenthalt wechseln. Es ist hier so, daß, wenn es an einer Seite der Insel trocken ist, es auf der anderen Regenzeit ist und umgekehrt. Im Oberland ist es kühl, sehr kühl manchmal. Wer Sonne liebt, bleibt im Unterland. Aber für Frauen liegen die Dinge anders. Eine Frau, die die Wechseljahre hinter sich hat, wird wenig Schwierigkeiten haben, eine andere vielleicht viel. Kommt sie als Laie, so kann sie sich jederzeit ins Oberland retten, obgleich auch das ein frühes Altern nicht verhindern kann. Will sie als Nonne leben, so muß sie auf alles gefaßt sein, denn es gibt ja keine Nonnenklöster. Ich würde sehr gern eine Gefährtin haben oder mehrere! Wenn doch mal aus Deutschland jemand käme!

Die erwähnten Upasikahäuser liegen in Anuradhapura und in Kandy. Ich kenne nur das in Anuradhapura. Wenn ein übereifriger Journalist behauptet, das Upasikahaus in Kandy wäre ein ,adliges Fräulein-Stift‘, so muß man das seiner eiligen Durchreise zugute halten. In beiden Häusern sind mit zwei oder drei Ausnahmen alle Frauen von der Straße hereingeholt worden. Sie

waren alle obdachlose Bettler und stellen durchaus keine Vorbilder
dar. Darum kommt auch kein einziges gebildetes Mädchen dorthin. Und darum liegt ja für die Frauen alles so im argen. Wenn
wir mit gutem Beispiel vorangehen könnten, wir deutschen Frauen,
wie schön wäre das! Aber dafür müßten wir auch das Äußerste an
Anstrengung wagen und ganz auf uns angewiesen bleiben, von
niemand Hilfe erwartend... Jeden Tag sollte der Mensch mit
innigem Mitleid an alles, was da lebt, denken. Am besten ein paar
Minuten gerade vor dem Einschlafen. Fanget an mit den Höllen-
welten. Dann denkt an das Tier-, Menschen-, Gespenster- und
Dämonenreich. Dann an den Himmel. Schenket jeder Welt gerade
einen liebevollen Gedanken und schlafet getrost ein.

> Mit alles durchdringender Güte
>
> Eure Schwester Uppalavanna."

Das Palmwalddörfchen ist arm, die Leute sind untätig, die
Bananen schon im dritten Jahre krank, die Frauenbrüste trocken.
Die deutsche Nonne ist halbe Ärztin hier und Krankenschwester,
und das umwohnende Völkchen verehrt sie schon als Heilige. Naiv
und klatschsüchtig sind diese braunen Waldleute und ganz hilflos.
Arbeit kennen sie nicht. Manche Familie hat ihr Palmengrundstück
zerstört, um Gummibäume zu pflanzen, die mehr Geld bringen;
aber jetzt ist der Preis für Gummi plötzlich gefallen. Die alten
Kokosbäume mit einer Ernte von je achtzig Nüssen jährlich hatten
schon Generationen ernährt.

Wir besteigen wieder die Rikschahs. Noch sehen wir die Nonne
unbewegt stehen, die fahlgelbe Gestalt auf dem roten Waldwege.
Wir winken noch einmal grüßend, aber sie erhebt nicht die Hand,
sondern verharrt in der „Ruhehaltung der Edlen". Doch fast spür-
bar sind die Güte-Gedanken, die sie uns nachsendet...

> Vollendung habe ich erreicht,
> bin furcht- und schuldlos, willensrein.
> Zerstört hab' ich das Weltgerüst,
> das letzte Dasein leb' ich nun.
>
> (Dhammapadam)

Abends um sieben ist es schon schwarze Nacht im Palmenwald
von Mount Lavinia. Ein buckliges Zeburind zieht unseren bulloc-

car, ein Miniaturöchschen, das auf der Stelle stehen bleibt, sobald der braune Kutscher unterläßt, es mit dem schrillen Ruf „Ojack" anzutreiben. Ein Junge läuft unermüdlich dem Wagen nach, ein kleiner Marathonläufer, die Wagenlaterne beleuchtet ein entzückendes Gesicht. „One anna, Sir! ... One anna, Sir! ..." Wirklich, deine Blitzaugen und deine Zahnreihen sind schon zwei annas wert! So lasse ich ihn noch eine Weile mitlaufen, bis er sie bekommt — dann ist er plötzlich fort, vom Dunkel verschluckt.

Die warme, aromatische Waldnacht! Wie jeder Atemzug hier erfreut! Die Finsternis ist von glühenden Käferschwärmen erfüllt wie kreisender Sternhimmel, und hoch darüber rauscht der Monsun in den unsichtbaren Riesenwipfeln.

INS INNERE CEYLONS

Am Neujahrstag reisen wir von Colombo ab. Braune Leutchen warten im Feiertagsweiß auf sonnigem Bahnsteig. Zwei junge Frauen sind noch beim Einsteigen, als sich der Zug vorzeitig in Bewegung setzt; und nun zeigt sich wieder die sanfte Art von Buddhas Volk: Kein Schrei, nur ein leiser Ausruf der Menge... Dann hält der Zug wieder.

Wir reisen in der ersten Klasse, der Wagen ist mit köstlichen Tropenhölzern getäfelt. Eine wohlhabende Singhalesenfamilie ist im Abteil. Zwei junge Frauen sitzen mir gegenüber, schön gescheitelt und frisch wie am fünften Schöpfungstage. Wir können die Blicke nicht voneinander lassen, ich von Sympathie, sie von Neugierde bewegt. Ganz zarte Seidenschals, weiß, gelb und grün — das liegt auf der jungen dunklen Haut wie Blüten auf regenfrischer Gartenerde. Kurvenschön fließen Schultern und Arme herab, mit schwerem Silberschmuck sind die Gelenke bis über den Handrücken beladen. Die Nägel leuchten hennarot, und wenn sich die Hände öffnen, ist das Innere blaß, und die Linien stehen dunkel in der Palma.

Der Zug steigt. Teeplantagen, Reisfelder in grünen Stufen, trockene Gummiforsten. Es ist sehr heiß. Palmen, Palmen.

Ratnapura, die „Perlenstadt" — wer beschreibt die Lieblichkeit des tropischen Harz-Kurortes? Ringsum wiegen Palmenhügel ihre Kronen im Winde. Der Wald überzieht das Land wie ein moosiger Pelz. Auf der Höhe steht das Rasthaus mit dem Ausblick in Palmentäler, auf fernblaues Gebirg. Was gibt nur den südlichen Zonen diesen Paradieseszauber? Die kristallene Luft ist es, die Fülle des Lichts, die Lust an jedem Atemzug.

28

Höhenluft, monsundurchlüftete Bungalows, dazwischen knallrote Wege, die vom Betel noch mehr gerötet sind. In der Straßenkreuzung steht ein beturbanter Polizist, tadellos uniformiert, nur daß er unter den Gamaschen barfuß ist.

In kleinen Buden schleifen sie Ceylons bunte Edelsteine, Saphir, Rubin, Chrysolith, Beryll und Mondstein, die der gelbe Schlamm des Urwaldflusses, schon rundgewaschen, mit sich führt. Ein Flitzbogen treibt noch heute wie in ältesten Zeiten den Schleifstein. Ich kaufe eine Handvoll der bunten Natursteine für eine halbe Rupie, und die Leute sehen erstaunt den Fremden an, der für Ungeschliffenes soviel Geld ausgibt.

Die blaßgrünen oder gelben Beryllsteine Ceylons waren schon im Altertum als optische Gläser geschätzt und von Kurzsichtigen gebraucht. Aus dem lateinischen berilli wurde dann unser deutsches Wort Brille.

Die Gefährtin bleibt plötzlich stehen und stößt mich an: „Eine Schlange!" Am Wegrand liegt sie im Gras, eine dicke dunkle Schlange. Jetzt springt sie auf, macht Männchen und zittert vor Angst. Es ist einer von den seltenen Fällen, daß wir Schlangen gesehen haben. Sie sind Nachttiere, und tagsüber schlafen sie für gewöhnlich in ihren Erdlöchern.

Dort ist der Urwaldfluß, die erbsgelbe Kalu-Ganga. Eine Fähre, ein Bhikkhu setzt über, ruhevoll in gelbem Gewande unter dem schwarzen Schirm. Ohne einen solchen Regenschirm (Modell 1900) wandert hier kaum ein Buddhamönch. Nur selten sieht man noch den riesigen runden Palmblattfächer, hinter dessen Wand der Asket Deckung findet vor dem Stich der Sonne und vor dem Stich aus schönen Frauenaugen. Begegnet der Mönch einem weiblichen Wesen, so zieht er sich in seine Clausura, das heißt hinter sein Riesenblatt, zurück. Aber leider hängt heute den meisten der unschöne Krückschirm am Arm.

Herrliche Tamarindenbäume, wie grüne Riesenschirme öffnet sich ihr weites Schattenrund! Ein großer Baum brennt in feuerroten Blüten. Wie mag sein botanischer Name sein? Ich bin nicht neugierig, ich liebe die schönen Dinge namenlos. Luftige Markthalle mit niegesehenen Früchten; es duftet nach Curry und Jasmin,

Pansupari liegt aus, Betel; es ist wohl das einzige Laster des
Landes. Ein Bissen weißen Korallenkalks mit einem Stück Areka-
Nuß auf grünem Blatt. Gekaut wird die Mischung rot und färbt
Mund und Zähne. Selbst manche Bhikkhus kauen Betel.

Grammophontrichter quäken, und der Gefährtin wird in der
Veranda einer offenen Schuhmacherei stundenlang ein Schuhknopf
angenäht. Das erinnert mich an einen alten Bericht, nach welchem
einstmals „hundert Mönche damit beschäftigt waren, das Bettel-
gewand des Erhabenen auszubessern" — und ich begreife das
Arbeitstempo dieses Landes.

Die Bahngeleise dienen dem braunen Völkchen zum abendlichen
Ruhesitz. Hier erholen sie sich vom Nichtstun des Tages, ihre
Lendenschurze hocken in langen weißen Ketten auf den Schienen,
und der Zug muß beständig pfeifen.

Auf der Anhöhe steht ein Hindu-Tempel, und als die Sonne
sinkt, tönt dumpfer Trommellärm herüber zum Ergötzen Schiwas.
Wir steigen die Höhe hinan. Zwei schwarze tamilische Männer
hüpfen, immer toller um sich schlagend und immer aufgeregter, auf
krummen Beinen herum. Bald haben wir davon genug. Noch lange
ist der Lärm durchs Dorf zu hören.

Nun schwindet der Tag, ein unermeßlicher Wolkenturm, kilo-
meterhoch, verglüht rosa über dem Palmenwald. Winzig, wie ein
Miniaturbild liegt die Landschaft in der Tiefe darunter. Plötzlich
kracht es in den rosa Massen — dann rauscht der Guß. Nur eine
halbe Minute lang, aber ein so unwahrscheinlicher Guß, als führe
der große Weltengärtner persönlich mit der Gießkanne über seine
abendliche Schöpfung hin. Das ruft nach Adalbert Stifters Feder.

Zwanzig Minuten später ist es schon Nacht; nun erwacht die
Urwaldhölle: Großkatzen und Schlangen suchen ihr tägliches Brot.
Wir finden es im teuren Rasthause und löschen den Curry-Brand
in der Kehle wieder mit Ginger-Ale, einem Ingwer-Wasser, das
fast noch schärfer ist. Treten dann hinaus in die warme Nacht —
wie das hier flimmert und blitzt! Das Firmament erscheint von
leuchtendem Goldstaub wie angeblasen; hellere und mattere Flecke
sind es, niegesehene, und jeder von ihnen ist eine Unermeßlichkeit
von Sonnenschwärmen. Milchweiß zieht sich die Große Straße

darüber hin, und hier unten, wie Meteorfall, schwirrt die warme
Luft voll glühender Insekten — die spielen mit in der großen
Lichtersymphonie... Ratnapura ist Tropenrausch.

Vor dem Schlafengehen wird das Gemach nach Schlangen ab-
gesucht, doch nur die kleinen Gekkos, die zarten Alabastermolche
kleben mit Kugelfingern an der Tünchwand.

Mittwoch. Zähneputzen mit belgischem Bier. Ich habe mir in
den Kopf gesetzt, eine Urwald-Flußfahrt zu unternehmen. Fieber
oder nicht — ich will das erleben, und sei es im bedenklichsten Ein-
baum. Unser Boy wird also zwölf Stunden lang ein Boot suchen.
„There is no boat, Sir", beteuert er hundertmal, aber ich lasse nicht
locker. Er macht schon ein ganz verzagtes Gesicht unter seiner
Rodelmütze, denn er weiß: der Tip wird danach bemessen sein.

Endlich kommt die erste Offerte: 130 Rupies, das sind
220 Mark, will er für den halben Tag haben! Das Handeln beginnt, der Mann hat Zeit, ich auch. Schließlich wird er gar grob
— der einzige Fall von Grobheit, der mir auf der Reise begegnete
— und dann einigen wir uns auf 20 Rupies.

Das Fahrzeug besteht aus zwei hohlen Einbäumen; ein Kisten-
brett wird draufgenagelt, wir nehmen auf den Handkoffern Platz
und treiben in die Erbsensuppe ab. Halb Ratnapura steht am Ufer
und schaut der sonderbaren Fähre nach.

Drei Mann steuern, und ein vierter, fast ganz nackter Kerl,
muß sich als Ausschöpfer betätigen, denn der linke Hohlbaum
leckt. Er besorgt das mit einer alten Konservenbüchse. Alle vier
schwätzen unentwegt in der mißtönenden singhalesischen Mundart.
Ihr Denken kommt von den sonderbaren Landesgästen nicht los,
die eine solche Fahrt zu ihrem Vergnügen unternehmen. Endlich
bitte ich um Ruhe, und sie verstummen auch sofort. Während
der ganzen Fahrt wechseln sie kein Wort mehr.

Der Flußspiegel der Kalu-Ganga ist trotz des lehmigen Wassers
so blank wie eine geschliffene Glasplatte, die auf erbsgelber Unter-
lage ruht. Hoher Uferdschungel umgrenzt das Bild. Eine dicke
Schlange zieht, Kopf oben, durch das Trübe. Schwarze Krokodile
liegen platt und regungslos an der Böschung und auf Sandbänken,
die sich in jeder Flußbiegung anhäufen. Kentern unseres Floßes

würde sicheren Tod bedeuten. Blaue Eisvögel erfreuen durch ihr leuchtendes Gefieder. Stille, nur Vogelsang ist zu hören und das Plätschern des Ausschöpfers... In allen Modulierungen tönt es durch den Wald, scharfe, endlos wiederholte Flötentöne, oft sind es ganze Kadenzen. Schildkröten schwimmen mit langen Hälsen vorüber. Wie ist die Luft so klar, der Tag so hell! Ein farbiger Vogel fliegt vor uns auf, er begleitet das Boot in unstillbarer Neugierde und flitzt uns immer wieder über die Köpfe hinweg.

Wir legen an, erklimmen die Böschung. Hinter dem Walde stehen gelbe Reisfelder. Nette Bauernkinder kommen scheu herzu, ich werfe Kupfer-Pais in die Luft, und sie hüpfen danach. Wir trinken zwei grüne Kokosnüsse aus, mit dem warmen Wasser von fadem Geschmack.

Nach dreistündigem Sonnenbrand auf den Tropenhut sind wir froh, in dem Dorf mit dem schönen Namen Kulugamoddera den Wagen vorzufinden, welcher uns in zwei Stunden nach Panadura bringt. Saubere Kokos-Dörfchen liegen an der roten Straße und tünchweiße Glocken-Dagobas, Reliquien-Kuppeln, stehen malerisch hier und da im Bananengrün versteckt.

Um fünf Uhr erreichen wir die Küste bei Mount Lavinia. — Sandstrand und Muscheln. Die dunkelblaue See brandet weißschäumend draußen am Riff und schenkt den Hotelgästen einen haifischfreien Badeplatz. Die Palmen am Strande hat der ewige Monsun tief herabgeduckt, er zaust sie am langen Haar wie ungezogene Buben.

Unser Landsmann ist wieder da, er hat sich inzwischen eine bunte Kobra auf den Arm tätowieren lassen und fiebert. Der Arm ist dick angeschwollen.

Mondstein, Anuradhapura

Mönchs-Einsiedelei im Urwald, Ceylon

Nyanatiloka (Mitte)
und zwei
europäische Bhikkhus

Buddha-Mönche (sitzend ein Thera, stehend ein Bhikkhu) Ceylon

KURUMBA

Tropenzauber — das sind diese Wälder mit ihren blühenden Bäumen und Büschen, das ist vor allem die schlanke Beherrscherin des Äquators, die ewig sich wiegende Kokospalme. Rund um die Erde zieht sich ihr Gürtel hin im Jahrzeitlosen, überall da, wo der salzige Seewind weht und die Luftwärme nicht unter zwanzig Grade sinkt, wiegt sich die Schöne im Himmelsblau, rauscht ihr Riesenlaub. Ihren Samen trug die Brandung heran: Keine Küste, kein noch so kleines Inselstückchen, von dem er nicht Besitz ergriffen hätte.

Kurumba, die Kokosnuß ist organisiert, weltweite Seereisen zu machen. Tausende von Meilen ist die erste geschwommen, monatelang hat sie auf den Wellen getanzt, die sie schließlich ans Land warfen. Ein Fasermantel um die steinharte Schale hatte die pausenlosen Schläge der Brandung abgeschirmt und die zarte Nuß beschützt. Nun hat sie endlich festen Boden gefunden, aber sie braucht zum Geschäft des Wurzelschlagens ein Quantum süßen Wassers. Da senkt sie in unbegreiflicher Weisheit einen Rüssel in ihr Inneres und nährt sich aus eigenem Bestande so lange, bis Regen fällt.

„Eigentlich ist es doch ein schönes Exempel für den physiko-teleologischen Gottesbeweis, den sogar Kant achtete", äußere ich ein wenig streitlustig gegen den gelbgewandeten Thera, der neben mir steht. Er aber in seinem unbedingten Atheismus will es nicht gelten lassen: „Bhava-tanha ist das, der Daseinsdurst", sagt er lächelnd, „und nichts außerdem. Ob in der Kurumba, ob in uns selbst: Immer ist es der gleiche Wieder-Dasein-säende Durst. Ihn zu restloser Versiegung zu bringen gilt es: Das ist Nibbana, das ist das Ende des Leidens."

Was Indien so vorteilhaft von uns unterscheidet, ist die vollkommene Freiheit im Denken. Ob Hindu oder Buddhist: Der

Guru (Lehrer) gestattet dem Chela (Schüler) jeden Grad von Skepsis. Er läßt ihn getrost durch die Niederungen des Materialismus schweifen, kennt er doch — sofern er ein wahrer Guru ist — Geist und Charakter seines Zöglings genau, er achtet das Gesetz des Wachstums. Nur eines wird er strenge von ihm fordern: Die Treue in der Observanz. Denn ohne sadhana, ohne geistliche Übung, gibt es keinen Fortschritt. Meditation oder Mantra sind unerläßlich. Auch der Buddha befreite einen Bhikkhu gegebenenfalls von den Vorschriften des Ordens — z. B. der einmaligen Nahrungsaufnahme —, aber nie von der *einen* Forderung: von samma-sati, dem behüteten Denken: „Was er auch tut, er tut es klar bewußt."

DIE DEUTSCHEN BUDDHAMÖNCHE

> „Wie das große Weltmeer nur einen
> einzigen Geschmack hat, den des Salzes,
> so hat auch diese Lehre und Ordnung
> nur einen einzigen Geschmack, den der
> Befreiung."   (Buddha)

Seit drei Stunden saust der Zug nach Süden, knallt an weißen Stationshäuschen vorbei, die Küste entlang durch einen einzigen Kokospalmenforst. Dann stehen wir auf dem Bahnsteig von Dodanduwa, die Kleider flattern im heißen Winde.

Ewiger Monsun! Es rauscht und wogt hoch über uns in den blatterfüllten Räumen, wie die See selber, von deren Atem es bewegt wird.

Dunkle Gesichter sehen uns an, und jemand winkt mitzukommen zum Coroner des Orts, einer Art Dorfschulzen, der ein Boot bereithält zum Übersetzen auf die kleine Kokosinsel Polgasduwa. Denn jeder weiß schon, wohin wir wollen: zu Bhante Nyanatiloka, dem berühmten deutschen Buddhamönch, dem gelehrtesten Mann im Lande. Doch bevor uns der Coroner hinüberbringt, müssen wir in seinem hellen sauberen Hause einkehren, um die Gastgeschenke entgegenzunehmen, ohne die es hierzulande nicht geht. Die Gefährtin empfängt eine elefantengetragene Kokosnuß, für mich findet er nichts Schöneres als irgendein altes Foto. Dann werden wir über das Brackwasser gerudert, landeinwärts zur Insel, wo die deutschen Buddhamönche leben.

Zuerst begrüßt uns Herr H., der als Bhikkhu Govinda hier das gelbe Gewand nehmen und später in Tibet zum Lamaismus übertreten wird. Er führt uns zur Klause Nyanatilokas.

Ein fahlgelbgewandeter Mönch tritt aus der Tür heraus und reicht uns die Hand. Nyanatiloka ist in den Fünfzigern, von guter

Gestalt, bleich und geschoren. Das Gewand läßt den rechten Arm und die Schulter frei. Er hat nichts Priesterliches an sich, in Zivil würde man ihn für einen akademischen Lehrer halten — was er ja eigentlich auch ist. Ausgekühlt sind Blick und Rede, man sieht ihm die vollkommene Leidenschaftslosigkeit an: Er ist „wie die Erde, die nicht unmutig wird, was man auch auf sie ausgießen möge".

Er sitzt auf dem Bettrand nieder und wir nehmen auf Holzschemeln Platz. Wir haben ihn bei der Arbeit unterbrochen, einer Übersetzung aus alten Palmblattmanuskripten. Von seiner einsamen Klause aus verkehrt der große Pali-Gelehrte mit der ganzen Welt.

Das Pali ist die heilige Sprache des Buddhismus, die vor zweieinhalb Jahrtausenden im Gangesland gesprochen wurde und in der auch der Buddha gesprochen hat. Sie ist eine schöne Tochter des Sanskrit, vokalreich, abgeschliffen und von hohem Wohlklang — das Italienische Asiens.

Gespräch. Ich frage den Mönch nach der Auslegung jenes bedeutungsvollen Ausrufs des Buddha:

„Es gibt, ihr Mönche, ein Ungeborenes, Ungewordenes, Unzusammengesetztes (asankhatam). Wäre, ihr Mönche, dies Ungeborene, Ungewordene, Unzusammengesetzte nicht, so würde für das Geborene, Gewordene, Zusammengesetzte (sankhatam) kein Ausweg zu erfinden sein."   (Udana)

Der Mönch übergeht die heikle Frage nach irgendeinem Kantischen „Ding an sich", welches hinter der Welt oder gar hinter der menschlichen Persönlichkeit stecken könnte, und er antwortet:

„Die Lehre von den fünf Kkhanda, dem fünffachen Greife-Komplex — nämlich: Körper, Gefühle, Wahrnehmungen, Willensfunktionen, Bewußtsein — das ist der Kern der Buddha-Lehre, sonst nichts. Von allen Fünfen heißt es: ‚Das bin ich nicht, das gehört mir nicht, das ist nicht das Selbst:

n'etang mama, n'eso ham-asmi, na me so atta ti.‘

... Ich kam von Schopenhauer zum Buddha ... Das Klima des Landes ist ermattend, die Temperaturen sind trotzdem erträglich, auch im Sommer."

Fünf Mönche leben hier, jeder in eigener Klause. Nyanatiloka ist der Bhante, ihr Ältester. Sein Name bedeutet „Kenner der drei Welten", nämlich des Kamaloka (dieser unserer Körperwelt), des Rupaloka (des Seins in reinen Formen) und des Arupaloka (eines Seins darüber hinaus, das schon ohne Formbestimmung ist).

Mit der Priesterschaft von Kandy hat er Auseinandersetzungen wegen der Insel. Rowdies hatten in der ersten Weltkriegszeit die zwanzig friedlichen Mönchsklausen niedergebrannt. Fünf davon sind bisher wieder aufgebaut worden. Nyanatiloka selbst verbrachte jene Jahre in Japan, er lobt die Japaner als die wohlerzogenste Nation. Fließend spricht er das für unsere Zunge so unbequeme Singhalesisch und hält darin öffentlich Predigten. Allwöchentlich einmal macht er — dem Beispiel des Erhabenen getreu — selbst den Bettelgang ins Dorf um Almosenspeise für die Fünf. Schweigend bleibt er dann vor der Tür eines Hauses stehen; ohne zu bitten erhält er Reis und Gemüse in den großen runden Topf, schweigend, ohne zu danken, geht er weiter zur nächsten Haustür, wo die Hausfrau oder die Haustochter ihn schon erwarten mit dem schönen Gruß der Ehrerbietung, den flach aneinandergelegten Händen. Schweigend geht er weiter, bis für die Fünf Speise genug gesammelt ist für den heutigen Tag.

Sie essen nur einmal, schweigend nimmt jeder für sich allein das Mahl ein, bei jedem Bissen ist er sich klar bewußt über das Wesen der Nahrung. Er weiß: Dieser Körper erhält sich durch Nahrung, durch nichts anderes. Bevor die Sonne auf der Mittagshöhe steht, ist das Mahl beendet; was übrigbleibt, wird nicht aufgehoben, sondern die Almosenschale wird auf grasfreien Boden (um kein Wesen zu schädigen) oder in fließendes Wasser entleert. Morgen wird ein anderer Mönch den Bettelgang gehen für die Fünf ... Das ist wahrlich kein Betteln nach unseren Begriffen, da hat der Geber mehr Grund zur Dankbarkeit als der Empfänger, nämlich für die Gelegenheit, dem Dhammo, dem höchsten geistigen Gesetz, dienen zu dürfen.

Ein Hündchen quietscht, die Gefährtin hat es versehentlich getreten. „Früher waren drei da, die anderen beiden hatten eine Kobra angebellt, sie schoß ihnen blitzschnell nach der Schnauze und sie starben sofort." — „Eines Nachts", erzählte der Mönch weiter, „erwachte ich und fand neben mir auf dem Lager eine große Pythonschlange, die Körperwärme hatte sie angelockt. Sie hat mir aber nichts getan ..."

Ich frage, ob Bo-Bäume auf der Insel stehen. „Aus meiner Hütte hier wuchs einer heraus, beim Umbau hat man ihn abgehauen." Nyanatilokas' Mönchsklause ist fast möbellos, nur ein Tisch, eine niedrige Lagerstätte und zwei Schemel sind da, ein Waschbecken und ein Türvorhang zum Schutz vor den Insekten; denn niemals wird ein Buddhamönch nach einem Moskito schlagen. Eine Schreibmaschine hat er zur Verfügung und eine kleine Pali-Bibliothek. Der Gelehrte ist Verfasser einer Grammatik, eines Pali-Wörterbuches und zahlreicher vorzüglicher Übersetzungen. Eben arbeitet er an der Übertragung des „Reinheitspfades" ins Deutsche (Visuddhi-maggo).

Sonst erschöpfen sich seine Besitztümer in den acht vorgeschriebenen Gegenständen des Bettelmönchs, die auch der Buddha trug: der Almosenschale, dem dreifachen gelben Gewand (welches in einzelne Stücke zerschnitten und wieder zusammengenäht werden muß, um ihm jeglichen Handelswert zu nehmen), dem Gürtelband, dem Rasiermesser, einer Nadel zum Flicken des Gewandes und einer leinenen Tüte zum Seihen des Trinkwassers — auf daß kein Lebendes durch den Bhikkhu zu Tode komme. Größer ist das Gepäck derer nicht, die zum Weltenende vordringen.

„Wie ein Vogel, wohin er auch fliegt, nur mit der Last seiner Federn fliegt, ebenso auch ist der Mönch mit dem Gewande zufrieden, das ihn bedeckt, mit der Almosenspeise, die er im Leibe hat. Wohin er auch wandert, nur damit versehen wandert er."

(Majjhimanikaya)

Wir besuchen noch die Einsiedelei der anderen Bhikkhus; Chunda, etwa dreißigjährig, pendelt seinen Meditationsgang ab, den ein Palmblattdach schützt, abgemessen elf Meter lang: ein hagerer, braungebrannter, fröhlicher Asket. Hibiskus blüht rot vor seiner Klause: „Die blühen nie ab, die lieben das ganze Jahr." Später schrieb die Uppalavanna, er sei wieder fortgegangen; Asketenleben ist eben das Schwerste von der Welt.

Nyanatiloka begleitet uns auf einem Rundgang um das bewaldete Inselchen. Am Wege steht ein alter bärtiger Herr regungslos in Meditation, Bhikkhu Mahanamo aus Amerika. Am Landungssteg reicht man uns beim Abschied drei Kokosnüsse zur Labung, die ein brauner Knabe mit dem schweren Dschungelmesser aufschlägt. Der Bhante nennt die verschiedenen singhalesischen Namen der Nuß, die ihre Reifezustände bezeichnen. Und ich muß an das Gleichnis Ramakrischnas denken: wie sich der Kern in der reifen Kokosnuß schon innerlich von der Schale gelöst hat, und dem nun der Vollendete Yogi gleicht, dessen Geistiges in keiner festen Verbindung mehr mit dem Körperlichen steht.

Wenn es auf Polgasduwa auch nur ein flüchtiger Besuch gewesen ist — nur zwei Stunden statt zweier Jahre —, so bin ich doch tief befriedigt, wenigstens einmal mit dem Sangha, der Mönchsgemeinde des Buddha, in Berührung gekommen zu sein. Denn „solcherart ist", nach dessen eigenen Worten, „diese Jüngerschar, daß man gern etliche Meilen zu Fuß geht, um sie zu sehen, und sei es auch nur von rückwärts".

ANICCA — VERGÄNGLICH
„Das ganze Sein *fließt* immerfort" —
wer dies mit weisem Sinne sieht,
wird bald des Leidenslebens satt:
das ist der Weg zur Läuterung.

DUKKHA — LEIDVOLL
„Das ganze Sein ist flammend *Leid*" —
wer dies mit weisem Sinne sieht,
wird bald des Leidenslebens satt:
das ist der Weg zur Läuterung.

ANATTA — NICHT-SELBST
„Die ganze Welt ist *wesenlos*" —
wer dies mit weisem Sinne sieht,
wird bald des Leidenslebens satt:
das ist der Weg zur Läuterung.

(Dhammapadam)

DER MÖNCHSORDEN DES BUDDHA

Bhikkhu heißt Bettler: die Mönche Buddhas leben von Gaben. Insofern ist der Sangha (Orden) den Fratres minores des Franziskus von Assisi ähnlich. Doch ist die Ähnlichkeit bloß äußerlich. Der buddhistische Samana ist weit davon entfernt, sich als letzter von allen Erdensöhnen zu fühlen. Vielmehr wandelt er recht bewußt auf des Lebens Höhen, und eher wird er sich vor dem Hochwertigkeitskomplex zu hüten haben, als umgekehrt. Beim Anlegen des gelben Gewandes hat er keinen Profeß geleistet, er kann jederzeit wieder aus dem Orden hinaus. Zwar wird Dem, der ins niedere Weltleben zurückkehrt, des Meisters Wort vom Hunde in den Ohren klingen, der sein Ausgebrochenes wieder aufleckt — aber es herrscht durchaus kein Zwang, kein Makel trifft ihn. Ja sogar die Rückkehr in den Sangha steht ihm offen. Die Lehre des Erhabenen hat eben, wie der Ozean nur den *einen* Geschmack des Salzes hat, so nur den *einen* Geschmack der Befreiung.

Zehn Entschließungen hat der Mönch des Buddha auf sich genommen, die zehn Silas: Sie sind keine göttlichen Imperative, keine regulativen Ideen, sondern dietätische Anweisungen zur Entfaltung der vollen Bewußtseinsklarheit, und somit ganz moralinfrei. Sie sind ohne weiteres zu verwirklichen und werden peinlich befolgt. Diese zehn Silas lauten:

1. Der Mönch hat sich entschlossen, jede Lebensberaubung oder Schädigung von Lebendem zu vermeiden — bis hinab zu Knospendem und Keimendem. Wie ein geköpfter Rumpf nicht weiterleben kann, so kann auch ein Mönch Nirwana nicht erreichen, der hiergegen bewußt verstößt.

2. Er hat sich entschlossen, Nicht-Gegebenes nicht zu nehmen — bis hinab zum Werte eines Grashalms. Wie ein gespaltener

Stein nicht mehr zu Einem werden kann, so kann auch ein Mönch Nirwana nicht erreichen, der hiergegen bewußt verstößt.

3. Er hat sich entschlossen, keusch zu sein. Wie ein Palmbaum, dessen Krone zerstört wurde, nicht mehr keimt, so kann auch ein Mönch Nirwana nicht erreichen, der hiergegen verstößt.

4. Er hat sich entschlossen, falsche und unnütze Rede zu meiden — bis hinab zur Scherzlüge, zum Plappern und Plaudern (samphapalapam lautet der Terminus in Pali; p-h sind getrennt zu sprechen).

5. Er hat sich entschlossen, berauschende Getränke zu meiden,

6. nicht zur Unzeit zu essen.

7. Tanz, Gesang, Theater verschmäht er.

8. Geschenke, Blumen, Salben und Wohlgerüche,

9. den Gebrauch bequemer Betten,

10. das Annehmen von Gold und Silber verschmäht er.

Das Gelübde des Gehorsams fehlt in dieser Ordnung. Wer nach der Befreiung strebt, wem sollte der auch vernünftigerweise gehorchen?

> Das Selbst nur ist des Selbstes Herr,
> Wer anders sollte Herr denn sein!
>
> (Dhammapadam)

Vorgesetzte im Sinne des westlichen Mönchstums hat der Bhikkhu nicht; er kann seinen Fuß setzen wohin er will. Nie und vor Niemandem verbeugt oder verneigt sich auch nur der „Sakyer-Sohn", immer steht oder sitzt er kerzengerade da.

Als einmal eine Abordnung gelber Mönche vom Prinzen von Wales empfangen werden sollte, ergaben sich Schwierigkeiten. Die Bhikkhus verharrten bei ihrer Weigerung, dem Hofzeremoniell Genüge zu tun — mochten sie sich doch als Sakyaputta, als „Söhne des Asketen aus dem Sakyer-Geschlecht", dem königlichen Blute ebenbürtig fühlen! Schließlich hat der Prinz die aufrechten Männer empfangen.

KANDY

In dem moosigen Pelz von Palmwald, der das Hügelland überzieht, liegt sanft und still ein künstlicher See eingesenkt, rechteckig wie eine olivgrüne Glasplatte. Ein winziges Inselstückchen schwimmt darin und läßt drei schlanke Palmen so klar abspiegeln, daß Bild und Abbild nicht zu unterscheiden sind. Eine Steinbalustrade umzieht das Ufer bis zur kleinen Tempelvilla da drüben, zum Dalada Maligawa, dem Tempel des Heiligen Buddhazahns, der großen Reliquie des Landes Ceylon.

Hohe Baumgruppen umstehen das Seegestade, und ästevoll hängt es in schwarzen Beuteln herab — es sind fliegende Hunde, die kopfabwärts ihren Tagesschlaf halten, Pteropus edulis, die größte Fledermausart. Hier und da leuchten gelbe Farbtupfen wie Tulpen durch die Parklandschaft, Mönche in Buddhas Gewand, Bhikkhus.

Gemächlich traben die Rikschahs über die nahen Waldhügel hin. Dann umfängt uns dunkler Urwald, Zimmetbaumriesen, stark wie unsere Eichen. Wie die Rinde duftet! Dort stehen Bambusengebüsche hoch wie riesenhafte Gräser. Kakaobäume breiten sich aus und weite Muskatbäume mit den kleinen mehlstäubigen Nüssen. Das große Geschäft des Landes aber ist der Gummibaum. Er hat Ähnlichkeit mit unserer Rüster, er ist der Philister unter den Tropenbäumen und gönnt von seinem roten Waldboden auch nicht dem kleinsten Unkraut Nahrung. Nur Schlangen und Termiten nisten im Gummiforst. Mannshoch stehen die roten Pyramiden der weißen Ameisen, und Kobranester öffnen ihre schwarzen Löcher, in denen immer ein Schlangenpärchen wohnt.

Zu unseren Füßen liegt jetzt das Tempeldach des heiligen Buddha-Zahns. In diesen Tagen ist das Fest der großen Reliquie, jenes linken Augenzahns, der damals, vor zweieinhalbtausend

Jahren, aus dem Aschenhaufen des Gotama Buddha in Kuschinagara geborgen wurde. Doch zwanzig Jahrhunderte später bemächtigte sich seiner der portugiesische Bischof von Goa, er zerstampfte in einem Mörser den Zahn aus dem „Munde des Unvergleichlichen Lehrers" und blies seinen Staub ins Meer.

Nun haben sie ein Stück Elfenbein dafür genommen. Da leuchtet's unter der Glasglocke im kleinen Pavillon, gelbe Mönche weisen mit Stäben darauf hin, und die weißgekleidete Menge drängt sich hinzu und fällt nieder, die Hände zur Stirn erhoben, den schwarzen Schirm unter den Arm geklemmt. Sadhu, Sadhu! Heiliger, Heiliger! rufen sie gedämpft und werden von den glanzköpfigen Priestern weitergeschoben. Wir stehen mitten im Mönchsgelb, sehen die leuchtenden Augen der frommen Menge auf das Stückchen Bein da geheftet... Wie heißt doch, nach den Worten des Buddha, eine der „Fünf Daseins-Fesseln"? Silabatta paramaso, Glaube an kirchliches Ritual.

Heute haben die Gelbgewandeten zu tun, aus allen Dörfern ist der Strom der Frommen angekommen, und langsam zwängt er sich durch die kleine Tempelvilla hindurch. Wie wohlgesittet und still das zugeht, kein unnötiges Wort ist zu hören. Ein junger Asket von strengen, mongoloiden Gesichtszügen steht neben mir und wir kommen ins Gespräch. Sein Name ist Bhikkhu Silacara, er ist aus Burma und gibt einen Begriff von den Pongys, den stolzen „Wissensträgern" des Nordens. In fast militärischer Haltung trägt er sein Gewand und ist sehr höflich.

Wie ist das Leben hier so durchblutet von der „Lehre", von Frömmigkeit und Almosengeben! Welche Ruhe, welche Rücksicht gegen jedermann, auch gegen das Tier... Das buddhistische Ceylon erfreut sich der niedrigsten Verbrechensstatistik in der Welt. Diese braunen Singhalesen stehen um uns herum, man hört ihren Schritt nicht, hört kein lautes Wort, kein unfreundlicher Gedanke ist ihren Mienen abzulesen; nur das Weiß der Augäpfel leuchtet aus dunklem Gesicht so unbeschreiblich bedeutungslos — vielleicht grübeln sie über das sonderbare Karma des Fremdlings nach, der von so fern herkam, den Heiligen Zahn zu sehen... Sie üben schon in der Schule Anapanasati, die bedachtsame Ein- und Ausatmung.

Man betrachtet den eigenen Atem: als Zuschauer, nicht als Akteur. Keine Atemübung, keine Willensregung! Das bloße Bewußtsein „Ich atme" genügt und gibt die unglaubliche Kraft der „Einspitzigkeit des Geistes". Man versuche es einmal bloß zehn Atemzüge lang, und man wird erfahren, wie schwer das ist. Ein gut Teil der Buddha-Religion besteht in diesem *bewußten* Atmen. Die Wirklichkeitsreligion in ihrer grandiosen Nüchternheit hat keine Kathedralen nötig. „In diesem sechs Schuh hohen Körper, ihr Mönche, der mit Wahrnehmung und Denkvermögen begabt ist, zeige ich die Welt und die Entstehung der Welt, die Aufhebung der Welt und den Weg, der zur Aufhebung der Welt führt." (Buddha.)

Denn Leben ist zuerst einmal Atmen. Wer nach Luft ringt, läßt alles andere fahren, der Erstickende gäbe sein Vermögen um einen Atemzug. Und wer atmet, der besitzt eben den Schatz des Lebens, das große Kapital, das der Tote verlor.

Nachmittagsspaziergang. Erdarbeiter schippen bedächtig in einer roten Grube, ein Bhikkhu steht ruhevoll daneben, vielleicht über das Thema „Arbeit" meditierend...

Draußen in der Mahavelli-Ganga, dem „Großen Sandstrom", baden Elefanten. Wie gekenterte Schiffe liegen ihre Bauchtrommeln im seichten Wasser; andere sind ganz untergetaucht, und nur die Rüssellöcher stecken sie zum Luftholen heraus. Man seift sie ab. Einer macht Kniebeuge, ich steige die zwei grauen Lederstufen hinauf und sitze zwischen seinen Ohren. Es gehört zum angenehmsten Karma, hier Elefant zu sein.

Der Rückweg führt uns wieder an den Schippern vorbei, der Bhikkhu steht noch immer da. — Abendspaziergang unter den Bäumen am See. Da begegnen uns gelbe Mönche, auf zehn Schritt erkennen wir sie: Es sind unsere Deutschen, Bhante Nyanatiloka und Vappo. Wir kommen ins Gespräch und berichten von unserem Besuch beim Tempelzahn. Da lächeln sie, Nyanatiloka verteidigt leise den Reliquiendienst als Kammatthana, „Stützpunkt und Anregung für die Meditation". Bhikkhu Vappo ist ein gemütlicher Bayer. Etwa dreißigjährig, erscheint er wohlgenährt von der Almosenspeise — von Reis und abermals Reis. Geschorener Rundkopf, schwarze Hornbrille, knallgelb wie eine Osterglocke ist sein Gewand, und der Münchener Regenschirm hängt ihm an runder Krücke bieder vom Arm herab. So durchzieht er das paradiesische Land, ein fröhlicher Asket. Ein rechter Eukolos, so möchte man bei der ersten Begegnung meinen — aber buddhistische Mönche sind nun einmal unbedingte Dyskoloi ... „Und sollt' ich auch, Sariputto, unter den Suddhavasa-Devas, den Reinen Göttern wiedergeboren werden: ich mag in diese Welt nicht zurückkehren." (Buddha.)

Fern in den Bergen von Bogawantalawa steht Vappos Klause. Dort haust er jetzt wieder, einsam unter singhalesischen Waldbauern. Der erste Weltkrieg hatte ihn von dort oben vertrieben, und sogar nach Kriegsende traute man dem deutschen Mönch nicht recht. Von den burmesischen Pongys meint er lachend (oder vielmehr lächelnd, denn buddhistische Mönche lachen nicht, sie lächeln nur): „Die können vierzehn Tage lang Palikanon auswendig." Später, lange nach unserer Rückkehr, ließ er mich grüßen — ich hatte ein geringes dana (Almosen) gesandt — und er schrieb: „... Mögen alle seine Wünsche sich ihm erfüllen wie der Vollmond am 15ten. Denn der Herzenswunsch des Sittenreinen geht kraft seiner Reinheit in Erfüllung."

Die fliegenden Hunde sind erwacht, sie haben ihre Schlafbäume verlassen und schwärmen zu Hunderten hoch im Dämmerblau überm See. Die munteren Tiere jagen sich im Zickzackflug ihr Insektenfrühstück und erfüllen den stillen Abend mit mißtönendem Gequietsch.

Heute morgen offenbart sich uns das botanische Wunder des Gartens von Peradeniya. Man durchwandelt weiße Säulengänge von Talipotpalmen. In seinem siebzigsten Lebensjahre läßt der turmhohe Baum zum ersten und einzigen Male einen zweiten, weißen Blütenbaum aus seinem Haupte hervorbrechen — um alsbald nach diesem Hochzeitsfeste abzusterben. — Lotusteller schwimmen still. Bambusgebüsche stehen dicht und haushoch, Rohre dunkelgrün, blankpoliert, telegrafenstangendick: Dendrocalamus giganteus, die größten Gräser der Welt. Ein stiller dunkler Hain von Nelkenbäumen blüht rot, die schwarzen Pollen duften. Dort das unansehnliche Gebüsch ist ein Kokainstrauch mit den ovalen Zauberblättern aus Nirwana-Land, Aufhebung des Leidens spendend. Chininsträucher. Mächtige Gummibäume, hellgrau wie Elefantenhaut, stehen in ihren Wurzelbrettern verankert. Alles in glasklarer Luft und mit schärfsten Schatten. Kobralöcher. Eine Palme sammelt in den kleinen Kammern ihres Fächers Regenwasser ein, ich breche eine Kammer auf und trinke den Becher aus.

Ein Singhalesenjunge kommt angelaufen. Er hat das Erste Sila verletzt — das Gebot: Nichts Lebendes zu schädigen — und mit dem Katapult einen Kalong, einen Fliegenden Hund im Schlafe vom Baum geschossen. Das ist eine Untat, die keiner seiner Angehörigen wissen dürfte! Das Tierchen ist noch warm, eine große Fledermaus mit schwarzem Terrierköpfchen und scharfem spitzem Gebiß. Triumphierend zeigt er seine Beute und erwartet sogar eine Belohnung.

Die Gefährtin bekommt von irgend jemandem einen Halskettenschmuck von roten Kernen geschenkt.

Den ganzen Tag sehr herzmüde gewesen. Wir ruhen auf einer Aussichtsbank über dem abendlichen Kandy. Unmerklich sind uns braune Leutchen auf leisen blassen Sohlen gefolgt, und wie wir uns umwenden, stehen ihre weißen Lendenschurze hinter uns wie Gespenster.

Heute ist es leer im Zahntempel Dalada Maligawa. Wir betrachten die Bibliothek von Palmblatthandschriften in Pali, der heiligen Sprache des Buddhismus, uralt. Leute kommen, sie opfern weiße Blüten auf kleinen Korbtellern, und wirklich, sie trommeln selbst hier — wenn auch pianissimo — hier beim Buddha, der so lärmfeindlich war, daß er nicht einmal das Räuspern seiner Mönche ertrug.

Tempelschatz: Beleuchtete Kristall-Buddhas, von Kunst keine Spur. Eine Goldene Dagoba birgt die große Reliquie, den Heiligen Zahn, unter sieben Hüllen hinter plumpem Scheunenschloß. Leider stört überall grelles elektrisches Licht. Ist Ärgeres denkbar? Ist schon eine einzige Glühbirne imstande, einen ganzen Kathedralenraum zu profanieren, wievielmehr verdirbt sie diese intimen Kult-Zimmerchen und Mondschein-Pavillons der Buddhisten!

Ein alter Oberpriester schreibt auf Palmblätter. Der Bogen (Ola) ist 30 cm lang und nur 5 cm breit. Vom grünen Riesenblatt der Talipot-Palme geschnitten, wird er bleichgekocht zu festem, biegsamem Papier. Der Schreibende stützt den Messinggriffel in einer Kerbe des langgewachsenen linken Daumennagels und balanciert das Blatt auf den übrigen vier Fingern ohne Schreibunterlage. Die Rechte ritzt die runden singhalesischen Schnörkelbuchstaben ein, ohne Tinte. Das Blatt wird nun mit rußiger Beize überstrichen und mit einem Lappen abgewischt, so daß die Farbe in den Rissen hängen bleibt. Die schmalen Blattstreifen werden dann zweimal gelocht (wie unsere Akten im Ordner, jedoch in der Mitte), auf einer Schnur aufgereiht und zwischen zwei bemalte Holzdeckel, die gleichfalls gelocht sind, „eingebunden". Dann in Kattun gewickelt und in die Bibliothek gelegt. Es ist die älteste Form des Buches und die haltbarste dazu, nur die Ameisen sind ihm gefährlich. Diese bleichen Palmblattstreifen sind es, die uns das echte Buddhawort überliefert haben, den ganzen Pali-Kanon. Jahrtausende warteten sie in den Felsenhöhlen Ceylons, in den Wüsten Indiens im dunklen trockenen Versteck. Auch ich nehme ein Blatt zwischen die Finger und versuche zu schreiben. Schlecht und recht, aber immerhin lesbar kommt es heraus:

„sabbe sankhara anicca —
alle Gestaltungen sind vergänglich ..."

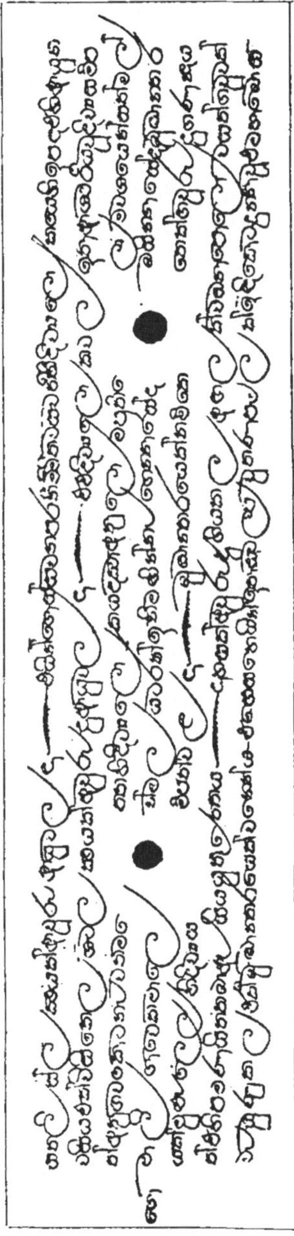

Palmblatt-Handschrift, Ceylon

Der Mönch lächelt über meine Pali-Kenntnisse, öffnet die Schublade, und ein Geldstück fällt hinein. Das Sila (sein Gelübde: Gold und Silber nicht anzurühren) nimmt er nicht so ängstlich, er hat die Münze ja nicht berührt. —

Die Gefährtin läuft zart bestrumpft über die spitzen Kiesel des Tempelhofs wie über glühende Kohlen. Auch der Arm juckt ihr und bringt gleich eine Gedankenverbindung mit dem dhobi-itsch zustande, dem Wäsche-Wurm, der sich gern in Frischgewaschenes einschleicht und dann auf der Haut allerlei Verwüstungen anrichtet. Aber es ist nichts damit.

Ein wunderschönes dunkles Dorfmädchen verweilt mit seiner Mutter im Tempelhof und sieht uns mit großen Augen nach. Die etwa Zwölfjährige Ausgewachsene hat mirs angetan. Vielleicht haben sie keinen Spiegel in ihrem Kakaodorf, aber wenn sie irgendwo in der Stadt hineinschaut, wird sie dann wohl, der Lehre gehorsam, denken: Diese jugendfrische Haut, dieses fehlerfreie Gesicht: „Das bin ich nicht. Das gehört nicht mir. Das ist nicht mein Selbst"? Ob sie's dem Heiligen wirklich glaubt?

Am Ausgang warten unsere Schuhe im Sonnenbrand, und die Füße müssen wieder hinein in die heiße Qual.

Montag. Besuch im Kloster Siri Malvatta. Mönchszellen für je zwei, die einfachen Lagerstätten sind mit gelbem Tuch bezogen. Morgenstille, ein Bhikkhu schläft auf dem nackten Fußboden. Hirschgeweihe (!) hängen im Vorraum, und ein blühendes Persilmädchen lacht uns von der Klosterwand an. Im Hof trauert sogar ein Papagei im Käfig — der Geist der Lehre scheint etwas altersschwach geworden hier. Ich frage mich, ob auch nur einer von den jungen Mönchen Nibbana, dem Hohen Ziel, wirklich entgegenwächst ...

Ein kleiner Stier geht auf uns los, wir wünschen uns aber nicht das Schicksal des weisen Mönchs Supabuddha, der, von der Belehrung durch den Erhabenen heimgehend, „von einer wilden Kuh des Lebens beraubt wurde", sondern machen, daß wir fortkommen.

Sigiriya-Felsen, Ceylon

Auf der Kalu Ganga, Ceylon

Die Pagode von Tandschur

Von den zwei Millionen Singhalesen leben siebentausend Männer im Mönchsorden. Da viele von ihnen Söhne aus wohlhabender Familie sind, spielt hier das Mönchstum auch gesellschaftlich eine Rolle. Vielleicht ist heute sogar das traditionelle Element im Orden stärker als das religiöse.

Ein Thera ist ein Mönch, der schon zehn Jahre das gelbe Gewand des Bikkhu trägt. Nach zwanzigjähriger Ordenszugehörigkeit heißt er Mahathera. Ein solcher alter Mahathera wurde nach den heutigen Erfolgsaussichten auf die geistige Vollkommenheit, kurz nach Nirwana, gefragt und gab ungesäumt zur Antwort: „Now is a bad season for Nibbana." Die Antwort ist ebenso erstaunlich wie treffend. Hat es doch gar keine Eile mit dem Erlösungsziel! Von Anfangslosigkeit her geht die Wanderung, und jedem Wesen steht die Unendlichkeit der Zeit zur Verfügung ... Wenn *wir* auch immer wieder altern und sterben — die *Lehre* altert nicht und stirbt nicht. Nur ist eben jetzt eine schlechte Saison dafür. Das Zeitalter des technischen Wettlaufs ist mit anderen Dingen beschäftigt, es hat auch Indien ergriffen. „Warten wir einmal die nächsten fünfhundert Jahre ab" — das etwa bedeutet die Antwort des alten Mönchs. —

Über die Mahavelli-Ganga, den gelben Strom Ceylons, zieht die Levella-Fähre und nimmt uns mitsamt den Rikschahs hinüber; dann gehts durch Palmenwald bergan. Doch was man nicht einmal Pferden zumutet, das kommt unseren menschlichen Zugtieren gegenüber nun gar nicht in Betracht. Wir steigen also ab und gehen zu Fuß. Damit fordern wir aber unsere braunen Männer heraus, welche eifrig gegen solche Rücksichtnahme protestieren und immer wieder auffordern einzusteigen, obgleich sie vom Schweiße schon glänzen wie Bronzestatuen. Es scheint, unser Benehmen geht gegen ihre Berufsehre.

Ein weißes Tempelchen klebt mit breitem Dach an der glatten Granitfelsenbank, welche in der Eiszeit den Gletscher getragen hat, und die jetzt vom lieblichsten Tropengrün umwuchert ist. Degaldoruwa-Gangarama ist der erste indische Höhlentempel, den wir sehen. Die Höhle ist überall in Indien der bevorzugte Aufenthalt der Heils-Sucher, der Arhats, Rischis und Yogis.

Wir treten ins Dunkel ein. Der enge Raum ist von einer walfischgroßen, liegenden Buddhagestalt fast gänzlich erfüllt. Sie ist aus dem Fels gehauen, sieben Meter lang, und stellt das Parinirvana dar, die Große Enderlöschung des Buddha. Die Skulptur ist erschreckend primitiv und ausdruckslos. Beim Licht einer Kerze betrachten wir die Fußsohlen, die für besonders heilig gelten und andächtig verehrt werden. Es ist so wohltätig kühl hierinnen, Auge und Atem erholen sich von Licht und Hitze. Tempelblumen duften, dreieckige weiße Opferfähnchen hängen still umher. Die reine Atmosphäre des Orts erfreut und beruhigt unmittelbar, sie versetzt mich in glücklichste Stimmung — ich könnte stundenlang im kühlen Dunkel hier verweilen, wie der Mönch dort in der Ecke, den wir jetzt erst bemerken... Wir stehen wieder draußen, geblendet in Licht und Hitze. Zwei gelbgewandige Alte sitzen auf der Steinbank an der Tür. Die führen ein geruhsames Leben hier oben, abwechselnd in Sonnenschein und Kühle, in Tageslicht und Höhlennacht.

Wenige Stufen über den Gletscherstein hinauf führen zur Höhe des Hügels, dem Vollmondfeier-Platz der Mönche: eine weiße Dagoba, ein Kälbchen grast, und da thront auch der mächtige Bo-Baum, achthundertjährig auf geborstenem Steinaltar und läßt sein Herzlaub hängen. Weiteste Aussicht in fernes Blau, kein Lüftchen regt sich, es ist tiefe Stille.

> Namo tassa Bhagavato Arhato ssammassam Buddhassa! Ehre dem Erhabenen, dem Ans-Ziel-Gelangten, dem Voll- und Ganz-Erwachten!

Gibt es einen friedevolleren Ort?

Unsere Kulis zeigen auf ein graues Etwas im Gebüsch, ein Chamäleon hockt buckelkrumm in den Zweigen und dreht seine Augen auf uns zu, einzeln wie Panzertürmchen. — Rückfahrt durch stille Walddörfer, sie trocknen braune Kakaokerne auf den roten Wegen.

Der Abend ist so warm und die Luft von hundert Düften gewürzt, die Rikschahs traben uns auf breiter Promenade um den lieblichen See. Wir begegnen reisebekannten hier Ansässigen, steigen ab und plaudern etwas. Sie leben hier in Ceylon, aber vom

50

Buddha wissen sie nicht mehr als den Namen, sie haben keine Ahnung vom Geist dieses Landes, sie wandeln darüber hin, ohne es zu sehen.

> Wenn auch sein ganzes Leben lang
> der Thor um einen Weisen ist,
> er wird die Wahrheit nicht verstehn,
> dem Löffel in der Suppe gleich.
>
> (Dhammapadam)

Leprakranke liegen am Wege und zittern mit ihren Armstümpfen, das Almosen heben sie mit dem Munde auf. Einer kommt heran und hält aus der Gewandung eine verrostete Geschützgranate entgegen — es ist aber der Stumpf seines Unterarms, der in solcher Form atrophiert.

Ein Limonadenstand durchleuchtet bunt die hereinbrechende Nacht, wie Lampions nehmen sich die bunten Flaschen aus, hinter die der Händler ein Licht gestellt hat. Schildkröten marschieren über den Promenadenweg, Leuchtkäfer durchziehen allenthalben die Räume, und die fliegenden Hundsschwärme schreien in der Luft. —

In der Frühe Ausflug in den Dschungel (eigentlich Dschangal, das ist Wald). Ein Pfad führt zu verwunschenen Steintrümmern hin, aus uralter Königszeit. Ein gelbgewandeter Alter begutachtet meine Olas (Palmblattschriften) als Mahasatipatthana-Sutta, Buddhas Rede von den „Pfeilern der Einsicht": Der Einsicht in den eigenen Körper, in die Gefühle und die Gemütsregungen, mit einem Wort: in die ganze Persönlichkeit. Der Mönch durchschaut ihr Entstehen und Vergehen und das Leiden daran, und er enthaftet sich davon. Das Glück der Befreiung steigt auf, wenn es nach langem, entsagungsvollem Üben in seinem Geiste aufblitzt: Das alles — „Das bin ich nicht, Das gehört mir nicht, Das ist nicht das Selbst — n'etang mama, n'eso ham-asmi, na me so atta ti."

„Wer, ihr Mönche, nicht die Einsicht in den Körper gepflegt hat, nicht hat der geschmeckt das TODLOSE!" (Buddha)

Verlassene Mönchsklausen liegen im Felsgestein und machen den Eindruck verlassener alter Bergwerksstollen. Sie mögen für grüblerisch veranlagte Mönche gewesen sein, für Unstete im Denken;

denn so beschreibt es trocken der alte Buddhagoscha im Visuddhi-
magga, seinem großen Kommentar, mit dessen Übersetzung wir
Nyanatiloka beschäftigt fanden: „... darum soll er in einer tief-
liegenden, am Eingang zu einer Höhle befindlichen und im Gehölz
versteckten Wohnstätte wohnen, ähnlich der Elefanten-Talschlucht
oder der Mahinda-Höhle. Sein Vorstellungsobjekt darf kein großes
sein, denn solches bildet einen Anlaß zum Umherschweifen der
Gedanken ..."

Morgenfrühe, Abschied von Kandy! Um acht Uhr steht der
offene Wagen vorm Hotel, und wir reisen ins Innere Ceylons ab.
Noch einmal am schönen See vorbei — den Zahntempel gegrüßt —
dann Wald und Plantagen. Elefanten gehen gemächlich zur
Morgenarbeit, graue Riesenleiber füllen das Straßenprofil aus.
Teefaktorei, offene Fenster und Türen, Dörrtrommeln und Siebe,
das ganze Haus duftet wie eine Teebüchse.

Nach dreistündiger Urwaldfahrt erscheint der hohe Felsen von
Dambulla. Anstieg in der Mittagsglut. Der rückwärtsgewendete
Blick streift endlosen Wald bis zum verschwimmenden Horizont.
Wie ferne Inseln erheben sich dunkle Gebirge aus dem Vegetations-
meer. Bald stehen wir vor der grauen Felsenwand. Die berühmte
Tempelgrotte läuft als langer Spalt durch den Gneis, und gelbe
Mönche hausen darin wie Insekten in einem Mauer-Riß.

Beim Betreten der offenen Naturhalle schauen uns Steinbilder
all der Buddhas vergangener Weltepochen an — denn jede wird
durch einen Buddha erleuchtet — von Vipassi, dem sagenhaften
ersten Buddha an, bis zu Kassapa, dem vorletzten, und zu Gotama,
dem Buddha unserer Zeit ... Der Buddhismus rechnet mit Jahr-
billionen, mit Anfangs- und Endlosigkeit des Samsaro, des Welt-
prozesses. Religion und Philosophie sind eins. Nie ist die Rede
von Gott oder von einem Schöpfer, nie vom Glauben an irgend-
welche Sätze. Der Daseinsdurst ist da, von Anfangslosigkeit her,
und das Leiden, das aus ihm erwächst; und es *gibt* eine Erlösung,
die Vernichtung eben dieses „Durstes", seine restlose Ausrodung,
tanha-nirodha. Das ist die ganze Lehre dieser Wirklichkeitsreligion.

Da sitzen sie, frei vom Ich-Wahn geworden, im Halbrund an
der Felsenwand, einsichtig, gleichmütig, klarbewußt; im Palanka-

Sitz, dem Sitz der Erleuchtung, jeder ein Ssammassambuddha, ein
Voll-und-Ganz-Erwachter. Die eigene Persönlichkeit hat er durch-
schaut, die zusammengesetzte, leidvolle, vergängliche — er hat den
Schleier des „Nichtwissens" zerrissen, hat die „Einflüsse" zum
Versiegen gebracht, „ist schon bei Lebzeiten ein Endmacher des
Leidens geworden" — ditthe va dhamme dukkhass'antakaro hoti
— wie es in den heiligen Pali-Texten heißt.

> Wer Unreales wähnt real,
> Reales aber unreal,
> der irren Sinnes Wandelnde
> erreichet nicht Realität.   (Dhammapadam)

In dieser denkwürdigen Höhle war eines der frühen Mönchs-
konzile zusammengetreten und hatte hundert Jahre vor unserer
Zeitrechnung die Niederschrift des Palikanons auf Palmblättern, im
Tipitaka, dem „Dreifachen (Manuskripte-) Korb" beschlossen, der
bis dahin, also vierhundert Jahre lang, im bloßen Gedächtnis der
Mönche bestanden hatte. Dieses Gedächtnis war allerdings sehr
zuverlässig. Die indischen Brahmanen besitzen ja die älteste Ge-
dächtniskultur der Welt.

Abstieg mit ergreifender Aussicht! Nun geht die Reise auf
geteertem rotem Wege mitten in den Dschangal hinein, in den
niedrigen, häßlichen Gestrüppwald Ceylons. Nicht zehn Schritt
weit könnte man eindringen. Längst haben die Palmen aufgehört.
Nur ein spärliches farbloses Laubdach liegt über dem grautoten
Gezweig, und unsichtbar spielt sich der ewige Machtkampf unter
dem Boden ab um Raum und Wurzelnahrung. Nur am Wegrande
stehen dunkle Ficus-Riesen, mit ihren hellgrauen Säulenstämmen
brettartig so fest im Boden verankert, daß kein Monsun sie ent-
wurzeln wird. Still ertragen sie die fürchterlichen Sonnenstrahlen,
kein Blatt rührt sich. Kraftlos und wie lebensüberdrüssig hängen
diese ledernen Lackblätter herab, sie lassen das Licht abgleiten —
sie strecken sich ihm nicht entgegen wie das Laub unserer Linden.
Ihren Sommerschlaf halten sie, den unerquicklichen — nein, eher
scheint es, daß Schlaflosigkeit sie quält. Der Rhythmus ihres Lebens
spielt sich in Übersättigung ab, in Regenströmen und Hitze,
monatelang. Kein Herbst mit schönem Sterben ist ihnen vergönnt,

keine Frühlingsneugeburt, kein Stirb und Werde. Das ist die Melancholie des Südens, die Melancholie des immerblauen Himmels. Jeder Tag, der neu heraufkommt, scheint diese Vegetation von neuem zu bedrücken in seinem ewigen Einerlei — die Blätter dieses Waldes, gleichen sie nicht den Menschen dieses Landes? In der großen Natur ist der Mensch zur Weltabkehr gekommen. Die Fülle der Gaben erzeugt nicht die Fülle des Lebensgefühls. So bleibt dem Wesen keine Erwartung mehr, keine Wünschbarkeit, und es wendet sich ab und zieht das gelbe Gewand an:

> „Was vergänglich ist, ihr Mönche, ist nicht wert, daß man es begrüße, nicht wert, daß man sich ihm zuwende, nicht wert, daß man sein Genügen daran finde." (Buddha)

Die Singhalesen sind ein Volk ohne Fröhlichkeit, ihre Gesichter scheinen gar nicht lachen zu können. Die fröhlichsten Menschen leben in Grönland.

Tiefdunkle Mangobäume stehen hoch und still im Blau. Plötzlich rauscht es, ein Ast sinkt, von unsichtbarer Hand gezogen, herab und peitscht zurück — ein Affe springt darin herum. Jetzt kommt der ganze Baum in Bewegung. Von oben guckt es neugierig mit blanken Äuglein auf uns herab, zwei, drei, vier, ein Dutzend Augenpaare ... Sonst aber ist kein Lebendes zu sehen.

So geht es stundenlang zwischen grauen Waldkulissen, an Kobranestern, Termitenbauten und hingeworfenen Teerfässern vorbei ... Ein totes Rind liegt an der Straße, wohl am Schlangenbiß verendet; das Innere ist ganz zur Höhle ausgefressen, und nur das weiße Fell umspannt noch das Gerippe.

Da, endlich wird das Einerlei unterbrochen — ein lieblicher See erglänzt und das überraschte Auge erblickt einen dicken Felsenturm, einen riesenhaften Monolithen, wohl hundert Meter hoch, den Sigiriafels. Das Gletschereis des Diluviums hat ihn zylindrisch abgeschliffen und stehen gelassen.

Rast im Tamarindenschatten. Die Gefährtin ruht totmatt im Wagen, während ich den Riesenstein besteige.

Weil der Felsen ohne jeden natürlichen Zugang ist, hatte ihn sich ein König zur Residenz erkoren. Kassapa, ein Zeitgenosse Theoderichs, hatte auch alle Gründe gehabt, sich nach dem sichersten

54

Platz in seinem Inselreiche umzusehen. In Ceylons alter Chronik, der Mahavangsa, berichtet es der Mönch Mahanamo, der die Greuel jener Zeit selbst miterlebt hat.

Dhatu Sen, König der Singhalesen ums Jahr 460 unserer Zeitrechnung, hatte das Land von den Tamilen gesäubert, hatte die alte Buddha-Religion wiederhergestellt, die zerstörten Klöster und Tempel wieder aufgebaut und — das höchste Verdienst in diesem Lande — viele gestaute Seen angelegt. „Wer vermöchte seine guten Taten einzeln aufzuzählen!" ruft Mahanamo aus. Aber eine böse Ehegeschichte wartete im Schoß der Zukunft und zerstörte sein Glück. Dhatu Sen hatte seine schöne, über alles geliebte Tochter dem General seiner Armee angetraut, und diese Ehe wurde höchst unglücklich. Als dem König gar zu Ohren kam, daß der Schwiegersohn die Tochter hatte auspeitschen lassen, da raste er und schwur Rache. Weil er sich seiner nicht bemächtigen konnte, nahm er dessen Mutter gefangen und ließ sie grausam hinrichten. Die Folge blieb nicht aus. Eine Verschwörung des Generals mit dem Prinzen Kassapa kam zustande, welcher schon lange dem Vater nach der Herrschaft trachtete.

Dhatu Sen ward überwältigt, in Ketten geschlossen und ins Gefängnis gelegt; jedoch vergebens bemühte sich Kassapa, den Mund des Vaters zu öffnen, um das Versteck der königlichen Schätze zu erfahren. Der Gefangene hatte nur noch den einen Wunsch, von seinen geliebten Seen Abschied zu nehmen, und er griff um dessen Erfüllung zur List.

„Führt mich hin zum Stauteich von Minneria, dort will ich euch die Schätze zeigen." Sogleich ward er entfesselt, und eine Wagenkarawane rollte durch den Wald. Am See angekommen, begrüßte ihn sein treuer Mönch Mahanamo — eben der, welcher die Geschichte für uns aufgeschrieben hat — und dieses letzte Mönchsgespräch hat Dhatu Sen sehr getröstet. Dann stieg er hinab in seine Wässer, bespülte sich und trank ...

„Und wo sind die Schätze, König?" Er wies auf den grünen See und den gelben Mönch: „Das sind sie!" Da ließ der Sohn ihn entkleiden, mit Ketten ganz und gar umschnüren und lebendig einmauern.

Kassapa war Herr von Lanka geworden.

Das Rad der Vergeltung aber war im Rollen. Moggallana, der Zweitgeborene, war mit seiner Armee dem Vater treu geblieben. Aus Furcht vor der Rächerhand des Bruders zog sich Kassapa auf den Sigiriafelsen zurück. Er legte eine Wendeltreppe an und erstieg die hohe Wand. Am Fuß des Felsens stand hinter Bollwerken sein Palast — die Trümmer stecken noch im Boden — in dem er in orientalischer Üppigkeit, später aber in mönchischer Askese die achtzehn Jahre seiner Herrschaft verbrachte. Um das Karma, so gut es ging, abzuschwächen, hat er Klöster gebaut und das Mönchstum in jeder Weise gefördert.

Als aber Moggallana, der unversöhnliche, mit einer Armee gegen ihn heranzog, erfüllte sich das Schicksal. In großer Feldschlacht prallten die Heere aufeinander „gleich zwei Meeren, die über ihre Ufer treten". Kassapa, an der Spitze auf dem großen Königselefanten reitend, geriet beim Angriff auf sumpfiges Gelände. Der Elefant, vom Versinken bedroht, machte kehrt, um festen Boden zu gewinnen — das nahm die Truppe für den Rückzugsbefehl und geriet in Verwirrung. In der allgemeinen Flucht nahm sich dann Kassapa das Leben. So Mahanamos Bericht in der Mahavangsa.

> „Nicht auf Berges Höhen, nicht in des Weltmeers Tiefe, nicht im Luftraum noch irgendwo entgeht man den Folgen der Tat (dem Karma)."

Ich steige Treppen und eiserne Leitern hinauf, sie sind gut gesichert, aber entsetzlich schwindlig. Der Fels galt lange für unbesteigbar. Wilde Bienenschwärme hatten die ersten Erkletterer überfallen und zu Tode gestochen. Ihre meterlangen Waben mußten erst von tamilischen Leuten durch Feuerbrände zerstört werden. Singhalesen hätten sich zu einer so schweren Verletzung des ersten Silas — sich jeder Lebensberaubung zu enthalten — nicht hergegeben.

Welche Aussicht! Flache Urwaldwildnis unter mir, ein Wälderozean bis an den Horizont, wo er blau verdunstet. Ich bin im Herzen von Ceylon. Wie flimmernde Wellen glitzert das blanke

dunkle Riesenlaub. Nur zwei stille grüne Stauteiche unterbrechen
das graue Einerlei. „Crocodiles into", sagt der boy — also auch sie
eine Hölle. Denn das ganze überwältigende Panorama ist ja kein
„Gukkasten" (nach Schopenhauers Wort), sondern hungererfüllte
Wildnis, Revier von Leopard und Bär, von Wildbüffel und Elefant, von Kobra und Python. Jetzt, in der Sonnenzeit, schläft
der Dschangal.

Drückende Hitze, mit letzter Kraft erreiche ich die Felsenhöhe.
Da steht noch der Königsthron, ein breiter Diwan in den Fels gehauen, mürbe Ziegelreste liegen umher. Eine Badewanne im Fels
(pokuna), mit grünem Regenwasser angefüllt, zeigt noch die Reste
einer Lebenskunst. Und sogar gestaltende Kunst hat es gegeben:
Malerei al fresco in Grün und Rot, deren Farben sich erhalten
haben in den regensicheren Nischen des Felsgesteins.

Ich trete an den Abgrund, hellgrüne Tamarindenschirme breiten
sich unter mir aus, winzig in ihrem Halbschatten steht der Wagen,
ich rufe, ein Tropenhütchen winkt als weißer Punkt. Beim Abstieg
kühlender Schauer aus einer Wolke.

Sehr ermüdet und regendurchnäßt bin ich wieder unten, die
ganze Haut scheint verdunsten zu wollen. Welches Glück, im
Rasthaus Waschbecken und Handtücher zu finden! Die Gefährtin
muß fasten und ruht auf langem Korbstuhl. Ich bekomme als
einziger Gast in dieser Wildnis einen zähen Urwaldvogel, Honig
von wilden Bienen und eine scharfe Suppe nach tamilischem Geschmack.

Die Tamilen sind südindische Dravida, Hindus von oft sehr
dunkler Hautfarbe. Wir sind hier an der Grenze zweier Völker:
von Singhalesen und Tamilen, und auch zweier Religionen: von
Buddha und Schiwa.

Weiterreise. Habarane, eine Wegkreuzung, ärmliche Blatt-
hütten. Eine junge Tamilenfrau einfacher Kaste tritt an den
Wagen, um uns zu betrachten, sie starrt mit dem von Geisterangst
erfüllten Blick der Naturvölker — dieser Blick der Primitiven
mutet mich fast an wie Irresein. Zwischen den Augen sitzt das
eingebrannte Mal der Verheirateten, der schwarze Punkt, der

jedes Frauenantlitz so geheimnisvoll verschönt. Ein schwarzes Kind reitet mit gespreizten Beinchen auf ihrem linken Hüftknochen.

Die Straße biegt nach Osten ab, abends sind wir bei den Ruinen von Pollonaruwa, der alten, im Dickicht versunkenen Königsstadt.

Sonnenuntergang, Ruhelager am Stausee Topawewa. Es galt bei den singhalesischen Königen der Vorzeit als hochverdienstliches Wirken (Karma), solche Seen zu stauen, möglichst jeden Tropfen der Regenzeit aufzufangen zur Ernährung von Reis, Mensch und Tier.

Weiße Pelikane ziehen über die stille Fläche wie schwerbeladene Kähne, pechschwarze Krokodile liegen wie plattgetreten und tot am Ufer. Die Dschungelvögel pfeifen ihr ewiges Lied. Einer schlägt das Ohr stundenlang mit uut-uut, wie ein Xylophon. Ein anderer ruft kuu-lurru, kuu-lurru ohne Aufhören ... Urwaldeinsamkeit, meilenfern die nächste Ansiedlung, nur ein Rasthaus ist hier und die versunkene Hauptstadt von Lanka — es war einmal ...

Die Gefährtin fiebert, wir haben eine schlechte Nacht. Gegen Morgen träume ich von einer Flasche, die sich glucksend leert und wieder leert — und erwache von der endlos wiederholten chromatischen Kadenz eines Vogelrufs aus dem Walde. Dazu gesellen sich quietschende Trompetentöne wilder Elefanten, die in der Nähe sind. Uns ist unheimlich in dieser Wildnis, wir sind's noch nicht gewöhnt und haben keine Waffen.

Wir fahren zu dem berühmten Ruinenfeld. Lord Curzon, Vizekönig von Indien, hat diese merkwürdigen Königspaläste und Buddhatempel aus ihrem Dschungelgrab wieder ans Licht gezogen. Er hat das Dickicht in einen lichten Ruinenpark verwandelt, hat die weiten hellgrünen Baumschirme, die Tamarinden stehen gelassen, und man spaziert auf hübschen roten Wegen, als wäre man in irgendeinem Schloßpark und nicht im wildesten Urwald. (Die Illusion wird gleich zerstört werden.) Wir betreten uralte Tempel, längst sind sie dachlos geworden, ihre Buddhas stehen in freier Luft zwischen Mauerwerk und Steinpfeilern. Ich fotografiere. Die Gesichter sind eirund und ganz häßlich. Hätten die Singhalesen doch nur *einen* Künstler hervorgebracht!

58

Ein Steinblock mit eingemeißeltem Palitext ist noch da, es sind Prakritbuchstaben, nüchterne Haken wie Blindenschrift.

König Parakrama Bahu, der das alles schuf, war ein Zeitgenosse Friedrich Barbarossas, und die Residenz Pollonaruwa hat ein halbes Jahrtausend geblüht.

„Vata sankhara anicca — alles Gestaltete ist vergänglich."

Wir betrachten noch eben ein Steinrelief von Elefanten — ein Erdbeben hat's verrückt — da erschreckt uns ein lautes Fauchen aus dem Gebüsch. „Wild animal!" schreit unser Javanenboy, und schon ist er davon — man sieht nur noch seine hellen Fußsohlen auf- und niederjagen. Wir bleiben auch nicht gerade stehen, der Leopard macht uns Beine, macht Reiseneugier und Dysenterie vergessen — und sind erst erlöst, als der Motor anspringt.

Dank Ceylons alter Chronik, der Mahavangsa, können wir Zwanzigsten-Jahrhundertler uns ganz gut in den Ruinen der alten Stadt zurechtfinden, wir wissen Namen und Bedeutung der Steine. So barg dieser Tempel hier — Dalada Maligawa — zu jenen Zeiten den uns schon bekannten linken Augenzahn aus dem „Munde des Unvergleichlichen Lehrers", bevor er in fremde Hände fiel.

Jenes kreisrunde Gebäude dort wird sich der größten Besucherzahl erfreut haben. Es war der Tempel des Märchenerzählers, und ein gelehrter Buddhamönch las darin alltäglich aus dem Jatakam vor, aus den phantasievollen, wenn auch nicht immer geistestiefen Erzählungen von den zahllosen Existenzen des „Großen Wesens". Als Bodhisatta, als Anwärter der Erleuchtung, hatte es jedesmal die eigenartigsten Erlebnisse, war ein Kenner der Welt, das seine Umgebung durch seine Weisheit in Erstaunen versetzte, und tauchte schließlich in der fürstlichen Familie der Sakyer endgültig und zum letzten Male auf, um die vollkommene Buddhaschaft zu erlangen.

Wir erreichen den zweiten Ruinenpark. Wiesen, Bäume. Da steht, an die glattgeschliffene Gletscherfelsenwand gelehnt, Ananda mit verschränkten Armen, Buddhas liebster Jünger, karyatidengroß. „Hohe Wonne der Vertiefung" bedeutet sein Name. Und dort liegt der Buddha selbst im Sterben, richtiger: in die Enderlöschung eingehend, sieben Meter lang. Wie riesige entkleidete Holzpuppen nehmen sich die Figuren aus. Sicherlich waren sie damals bunt bemalt — grellgelb und fleischfarben — und fünf Jahrhunderte lang sind die Pilgerströme an den hellen Farbflecken in der Landschaft vorübergezogen und haben kniend ihr duftendes Blumenopfer dargebracht. Damals, als der Lärm der Kreuzzüge den Westen erfüllte ...

Ich schweige von Form und Ausdruck dieser Gestalten, aber sie werden erst mit dem Monolith vergehen, aus dem sie gehauen sind, ihnen stehen noch Jahrhunderttausende bevor. Nicht einmal Erdbeben bedroht sie — vielleicht wieder einmal der Gletscherstrom. Wenn die Menschenepisode des Erdplaneten längst ausgeträumt sein wird, werden diese Bilder des Ssammassambuddha noch dastehen, vielleicht als letzte Erinnerung an Menschengestalt überhaupt, und erst wenn die Planetenrinde ins Bersten gerät, werden sie mitbersten ...

Das Ende Pollonaruwas schildert die Mahawangsa ausführlich: Wie die Tamilen vom Festland her einbrachen, alles erschlugen und fortschleppten, die gelben Mönche vertrieben, die heiligen Palmblattbücher aufbanden und in alle Winde zerstreuten, und dem letzten König Parakrama Pandu die Augen ausstachen — Friedrich II., der Hohenstaufe, hatte eben den Thron bestiegen — dann deckte der Wald die stillen Trümmer zu.

Einzig die Rankot-Dagoba, ein großer Reliquienhügel, selbst grün bebuscht, überragte noch die Vegetation und zeigte fernen Geschlechtern die Stelle der einstigen Königsstadt an — heut steht sie frei, ein kleiner Backsteinberg mit Turmspitze, wie ein riesiger Helm in den Urwald gesetzt und noch immer getreulich die Knochenreste des Bhagavant umschließend. Wir fahren vorüber, nach Anuradhapura zu.

Rast im Sumpfgebiet. Endlich schweigt der Motor — das ist ein Glücksgefühl wie das unvermittelte Aufhören eines halbbewußten Schmerzes, eine leise Gemahnung an Nirwana.

Die unbeschreibliche Klarheit der Luft! Tote Bäume stehen im Wasser, spiegeln ihr blankes Ästeskelett ab. Löffelgänse schwimmen weiß. Die Tierwelt ist ohne Scheu hier in Buddhas Land, wo

60

kaum ein Jäger zu fürchten ist. Gelbe Leierschwänze fliegen auf, ziehen ihren herrlichen Kleiderpomp durch die Lüfte. Büffel stehen tief im Wasser, genießen die Kühle. Ihre Rücken dienen grauen Reihern zum Standort, jetzt fliegen sie glanzweiß auf, umkreisen uns im Gleitflug und landen wieder. Große Stille, nur vom Pfeifen der Dschungelvögel unterbrochen. Unmalbar, unbeschreibbar ist die Klarheit des Lichts!

Leider brummt der Motor wieder, auf Anuradhapura zu, wo wir um die Mittagszeit ankommen. Eine Kleinstadt im Urwald.

Der erste erstaunliche Anblick: Ein Feld von anderthalbtausend Granitbalken, die aufrecht im Boden stecken. Hier hat einst der Eherne Palast gestanden, erzählt uns die Mahavangsa; aber kein Archäolog ist noch hinter das Rätsel dieses steinernen Waldes gekommen.

Lunch im hübschen Rasthaus; es hat fünf Zimmer, nennt sich Grand Hotel Anuradhapura und steht inmitten des Ruinenparks unter Gummibaumriesen. Den Eingang bewachen zwei Tempeltor-steine aus alter Zeit, dwar pals mit zarten Tänzerinnenfiguren im Bauchtanz. Überall stecken granitene Bautrümmer im Rasen.

Wir mieten — des ewigen Motorlärms müde — ein Ochsen-wägelchen mit Baldachin und einem schnauzbärtigen Zwerg mit entzündeten Glotzaugen als Kutscher. Das faule Öchschen zu schlagen, verbietet ihm das Erste Sila — kein Lebendes zu schädi-gen — und so tritt er ihm sanft und unbemerkt mit dem lang-gewachsenen Zehennagel in den After.

Dieser einzige schattige, luftklare Park! Es ist die merk-würdigste Ruinenstätte von der Welt. Wir stehen vor einer back-steinernen Halbkugel von riesenhaftem Ausmaß. Eine Sternwarte — wie kommt die in den Urwald? Nein, es ist die Ruanweli Dagoba, ein Reliquienberg, der wieder einen Fund aus dem Aschen-haufen des Buddha enthält. Von unter her wird sie jetzt erneuert, die Höhe ist noch bewaldet vom vielfältigen Samen, der dort hin-flog. Nackte Gestalten werfen sich auf Bambustreppengerüsten die Körbe mit je vier roten Ziegeln zu.

König Devanampiya-Tissa (zu deutsch Gottlieb), mit dem die Chronik Mahavangsa anhebt, war ein Zeitgenosse der Scipionen. Alexander war zum Indus vorgedrungen, am Ganges residierte Asoka, der größte Herrscher in Indiens Geschichte, und hatte das Buddhawort zur Staatsreligion erhoben. Asoka hatte seinem Freunde, dem König von Lanka, zwei seiner Kinder zum Besuch nach Anuradhapura gesandt, den Prinzen Mahinda und die Prinzessin Sanghamitta. Die waren Asketen im gelben Gewand und wurden freudig aufgenommen als Boten der Lehre. Mit ihnen beginnt die Geisteskultur Ceylons — es wurde buddhistisch.

Mahinda brachte auch ein zartes Geschenk aus dem Norden mit, ein Reis von jenem heiligen Bodhibaum in Buddha Gaya, unter dem der Große Asket Gotamo die Vollerwachung errungen hatte, und der noch heute steht und Ziel meiner Reise ist. Vor zweiundzwanzig Jahrhunderten pflanzte Mahinda das Reis. Der Baum verging und verging wieder, aber immer blieb ein Reis zurück und wuchs an der nämlichen Stelle heran, ein echter Abkömmling.

Da steht das unscheinbare Bäumchen hinterm Gitter, golden ist sein Stamm bemalt, weiße Zipfelfähnchen umhängen ihn festlich. Die Schößlinge seines Ahnen sind ringsherum zum Hain herangewachsen. Gelbe Mönche gehen und stehen schweigend umher.

Wir verweilen lange, und ich sammle gelbe Blätter vom Boden auf. Im Yosemitepark stehen zwar vieltausendjährige Bäume, aber dieser ist trotz seiner Jugend der ehrwürdigste der ganzen Gattung, der Älteste der Bäume. Mit einem frappanten Gleichnis hatte der junge, erst sechsunddreißigjährige Buddha sich selbst den „Ältesten der Menschen" genannt. Denn welches Küken, so fragte er, ist wohl das älteste in der Schar? Etwa, dessen Ei zuerst gelegt wurde, oder nicht vielmehr dasjenige, welches als erstes die Schale durchpickt und verlassen hat? Also auch der Vollendete. —

Wir wohnen in einem weißen Zimmer der Dépendance des Grand-Hotel. Wieder kleben unsere kleinen Molchfreunde, die Gekko's, an den Wänden und drehen ihre durchsichtigen Köpfchen mit den schwarzen Augenpünktchen ängstlich nach uns hin. Die Gefährtin sucht abends das Zimmer nach Schlangen ab, sie guckt sogar in die hat-box. Der Xylophonvogel hat uns schon den ganzen Tag mit seinem uut-uut verfolgt, nachts schlägt er noch ärger aufs Trommelfell. Und der Gefährtin steckt das Fauchen des Leoparden noch in der Seele, sie schreit im Traum . . .

Schon in der Frühe zieht uns das Öchschen wieder durch den Park, Kühe weiden zwischen Bautrümmern, welch reizende piranesische Landschaft! Das Wägelchen fährt wohltätig im Schritt und schenkt uns das Glück ruhiger Betrachtung. Dort glänzt es weiß durch den Park wie eine große Handglocke, zwanzig Meter hoch, tünchsauber: ein Kuppelmal, die Thuparama Dagoba. Sie steht auf breiter Steinterrasse, von altersgrauer Balustrade umzogen. Schiefstehende Kapitälsäulen umstecken sie wie Laternenpfähle. Vor dreiundzwanzig Jahrhunderten wurde die Reliquie eingemauert, Buddhas rechter Schlüsselbeinknochen. Die Thuparama ist Indiens ältestes Baudenkmal — das will etwas besagen! — und heute noch Pilgerziel wie ehedem.

Wir fahren langsam die Heilige Straße entlang, auf der sich die Wallfahrer dem Baumheiligtum nahen. Affen sitzen im dunklen Geäst, familienweise, dicht an dicht.

An einer berghohen Dagoba, massiv aus Ziegeln geschichtet, sind wir schon vorbeigefahren. Nun steht wieder so ein bewaldeter Hügel vor uns, wie eine Burgruine sitzt der hohe, abgebrochene Spitzenbau darauf — Abhayagiri-Dagoba, „Berg der Furchtlosigkeit".

Das Buckelöchschen hält im Tamarindenschatten, ich steige den umbuschten steilen Pfad von rotem Backsteinstaub hinauf, in jeder Hand einen Ziegel haltend zur Abwehr von Schlangen; stehe jetzt über dem Walde — von drüben grüßt aus gemessener Ferne die Schwester-Dagoba herüber. Mittagsstille und Glück der Einsamkeit . . . Namo Buddhaya!

Millionen von Backsteinen haben die Kolosse aufgehäuft, für ganze Städte hätte es gereicht. Nie hat man auch nur den Versuch gemacht, zu den Reliquien vorzudringen — und somit erfüllen die Dagobas auch wirklich ihren Zweck. Man hat die Kosten für den Bau der Abhayagiri berechnet: 500 Arbeiter, 7 Jahre = 20 Millionen Goldpfundsterling. Ich umgehe den Reliquienberg; Ausgrabungen und unberührtes Ruinenfeld. Es ist gefährlich im Sonnenbrand der Mittagszeit, ohne die Korkwand des Tropenhelms wäre es nicht auszuhalten; aber der bleibt ganz kühl — ein Wunderhut.

Noch viel schöne Granittrümmer liegen im Walde, Treppenstufen, Postamente und Dwarpals, die steinernen türhütenden Bodhisattas, die sich stumm ein Jahrtausend lang in den Hüften wiegen, in erhobener Hand ihren Lotus balancierend. Neunköpfig schirmt die Kobra die kleinen Gestalten. Sie gehören halb der Buddha-, halb der Wischnureligion an, diese lieblichen Tänzerinnen. Halb Mann, halb Weib sind sie ganz indisch, wie denn hier alles miteinander verfließt und in Frieden zusammenlebt im Geiste eines unfanatischen Volkes.

Gestrüpp, fünf schmale Treppenstufen, und davor liegt der „Mondstein" (eigentlich Halbmondstein). Im äußeren Halbrund marschieren Elefant, Pferd und Stier, im inneren Wildgänse, die Tiere des höchsten Fluges und darum Symbole des Heiligen, des Paramahangsa (wörtlich: Transzendenter Großer Wilder Schwan). Der Stein ist von eigenartiger Schönheit und wir scheuen uns, ihn zu betreten.

Eigentlich liegen nur noch die Fußböden von Anuradhapura da, Terrassen und Treppen, Sockel und Gesimse, schön abgemessen, schauen aus dem Rasen hervor. Dort den quadratischen Gitterstein hält man für ein Mittel zur Kasinaübung: Der Mönch betrachtet den Stein so lange, bis dessen Bild das innere Bewußtsein gänzlich erfüllt, auch bei geschlossenen Augen und nach Verlassen des Ortes. Es ist ein selbsthypnotisches Hilfsmittel, wie es solchen Mönchen anempfohlen wird, die von Natur aus zu Zerstreuung oder Übelwollen neigen. Wie der Regen den Staub einfängt und fesselt und die Luft reinigt, so fesselt das innere Kasinabild das ruhelose, ungute Denken des Mönchs, reinigt den Geist und läßt ihn frei atmen.

Vor der Stadt sehen wir einem Töpfer zu, der noch wie zu Buddhas Zeiten auf der großen Scheibe formt. Das uralte Gleichnis der indischen Weisen fällt mir ein: Wie die Scheibe noch ausrollt, nachdem das Gefäß schon fertig ist, so lebt der Jivan mukta, der

Wischnu-Tempel von Sri Rangam

Ein Platz in Tandschur

Erlöste, körperlich noch eine Weile fort, nachdem sein „Werk"
schon ausgewirkt, sein Karma schon erloschen ist. Im Tode kommt
dann der ganze Werdeprozeß endgültig zum Stillstand, neue
Geburt steht nicht mehr bevor — „das ist das Ende des Leidens".

Nachmittags lagern wir am Ufer des Tissa-Wewa, am stillen
grünen See. Krokodile und Pelikane, Nadelbäume und Tamarinden. Von drüben leuchtet wieder eine weiße Dagoba zwischen
Palmen herüber: Isurumunya, ein Höhepunkt landschaftlichen Er-
lebens. Diese Stille Ceylons!

Wir lenken den Schritt des Zugtiers dorthin, betreten den süß-
duftenden Tempelraum, genießen für einen Moment himmlisches
Od. Der Schutzgeist des Klosters steht davor, ein mächtiger Bo-
baum, unter dem unsere Schuhe warten. Die Füße kühlen so wohltätig ab — nur den Schuhlöffel nie vergessen! Der ist hier nötiger
als die Uhr.

Im Hotelzimmer über dem Fenster nisten reizende Vögelchen,
nachts schnalzen sie dscheck-dscheck-dscheck... Die Gefährtin
schreckt auf, denkt an Kobra und Python.

Alle Morgen füttere ich die Urwaldtiere im kleinen Tierpark
des Hotels. Der junge Leopard reißt mir sogleich den Stock aus
der Hand, auf dem ich ihm kleine Stücken Fleisch darreiche.
Welche Schönheit! Das weiße Bauchfell so zart verlaufend zum
kräftigen Rückenmuster; wie Chrysopras leuchten die Augen.
Seine Schnurrhaare sind das heimlichste Mordgift, kleingeschnitten
in den Kaffee, in die Suppe gestreut, bleiben sie im Darm hängen und
entzünden ihn furchtbar. Der Kranke stirbt dann an Dysenterie. —
Der junge Kragenbär tobt in erschreckender Wildheit, sobald ich
vor den Käfig trete. Die Entsetzlichkeit der Natur, der Tierwelt
ganzer Jammer faßt mich an, und ich bin von Mitleid überwältigt.
Ganz böse ist die große Pythonschlange, ihr flacher Kopf schießt
laut fauchend auf mich zu, er klappt sich zum gestreckten Winkel
auf — das Tier ist ganz Maul, rosa Maul. Ein Gatter von einwärts-
gekrümmten Zähnen, fischgrätenlang, läßt nichts mehr los, was es
einmal ergriffen hat. Doch ist die Python ungiftig. Zum Be-
wundern ihres herrlichen Schuppenkleides läßt sie mir keine Ruhe.

Wie Glasknöpfe starren die Augen feindlich und unbewegt, mit
dem schwarzen Sehschlitz in der Iris — dann schnellt der Kopf
wieder vor. Der Koch bietet ein Hühnchen zur Fütterung an, aber
ich mag die Qual nicht sehen. „Tierwelt ist Jammer und Leid",
meinte die Uppalavanna. Am elendesten sind gewiß die Kobraschlangen hier (tic polonga), die sich der Clerk im Kontor im
offenen Glaskasten hält. Arme Nachttiere! Sie fauchen sogleich
laut und blähen sich zur Brille auf. Die Kobra ist jedoch nicht
angriffslustig, sondern nur sehr furchtsam, ihre Kampfstellung ist
Abwehr. Sie lebt zu Millionen auf Ceylon und gilt den Buddhisten
als heiliges Symbol. Nach der Legende hat Mukhalinda, der König
ihres Geschlechts, den Bodhisatta vor dem Ansturm der dämonischen
Scharen geschützt, als er in der Nacht der Großen Erwachung
zum Buddha unter dem Feigenpappelbaum saß. Deshalb wird kein
Frommer jemals eine Kobraschlange verletzen oder auch nur be-
leidigen. Es wäre sonst so leicht, ihre vielen Nester am Wegesrand
von Elefanten zertreten zu lassen, denn diese sind die einzigen
Tiere, denen sie nichts anhaben kann. Doch verläßt niemand nach
Sonnenuntergang das Haus, und fromme Familien stellen den
Schlangen abends ein Schälchen mit Milch vor die Haustür.

Nun ist der Tag zu Ende — lassen wir uns nicht von der
Nacht überraschen! Noch steht die Sonne blitzend überm Walde.
Jetzt verklärt sie die hellen Stämme der Ficusriesen zu märchen-
hafter Glut und verführt uns zu minutenlangem Stehenbleiben ...,
doch mit einem Male ist sie fort, lotrecht ins Dickicht abgestürzt
und macht der ganz anderen Ordnung der Dinge Platz, der nächtlichen, in der sich das eigentliche Leben des Waldes abspielt. So
ging es uns an einem dieser abendlosen Tage in Anradhapura. Da
hieß es zurückeilen durch die kurze Dämmerung des von Schlangen
belebten Ruinenparks. Schon war die Nacht über unseren Köpfen
und der Weg blieb nur vom Sternenlicht erhellt. Überall raschelte
die Finsternis und flatterte es am Ohr vorbei. Bis endlich Hunde-
gebell laut wurde und eine tröstliche Handlaterne uns entgegen-
wankte. —

Ostwärts im Wagen. Heißer Quell im Walde. Dann steht der
heilige Berg von Mihintale vor uns, in einen Pelz von Urwald

gehüllt. Wie ein Strom fließt die breite Freitreppe herab, 1800 Granitstufen, geborsten von vielen Erdstößen und ganz aus den Fugen. Der Anstieg über das schiefe Durcheinander ist höchst ermüdend. Der alte Berg ist voll ehrwürdigster Erinnerungen. Hier war es, wo der König von Lanka seine Gäste, die beiden asketischen Königskinder aus dem Norden begrüßte, den Prinzen Mahinda und die Prinzessin Sanghamitta, beide im fahlen Gewande. In diesen Felsennischen haben sie ihr reines Dasein — ihr letztes — ausgelebt. Oben die Dagoba birgt noch Mahindas Aschenreste. Als erster hatte er dem Volk der Singhalesen die heilige Zufluchtsformel vorgesungen:

> Buddhang ssaranang gatschaami
> Zum Buddha nehme ich meine Zuflucht,
> dhammang ssaranang gatschaami
> zur Lehre nehme ich meine Zuflucht,
> ssanghang ssaranang gatschaami —
> zur Mönchsgemeinde nehme ich meine Zuflucht...

und zum zweiten und zum dritten Male. Millionen-, milliardenmal ist es ihm nachgesungen worden, monoton und näselnd.

Und Buddhagoscha, der Hieronymus der Buddhisten, hatte hier in seiner Höhlenklause geschrieben und geschrieben, Kommentar auf Kommentar, bis die ausgestanzten Blättchen seiner Palmblattbücher „zu Hügeln anwuchsen".

Ich ersteige den hohen Felsen, den schlanker Palmenschmuck verschönt. Der Ausblick auf diese Wälderunendlichkeiten überwältigt mich jedesmal von neuem, diese ganz unberührte Natur, die schon war, bevor es Menschenaugen gab, und die noch sein wird, wenn es keine mehr gibt. Mein stiller Fels hier leuchtet im Nachmittagslicht, drüben wölbt sich dunkel die Dagoba. Eine blaue Gebirgsinsel taucht weit hinten aus dem Dschungelmeer auf, fern kracht ein schwarzes Gewitter ... Ich sitze noch lange über der Felsenwand und schaue mich nicht satt.

Rückfahrt durch sonnige Nachmittagsstille. Kleine Läufervögel durcheilen die wasserklaren Reisfelder, die Luft ist vom Getön der Vogelwelt erfüllt.

TRINCOMALI

Tiefdunkle Bucht und heller Muschelstrand,
Die Welle wirft Juwelen auf den Sand;
Ein heißer Atem geht von Ost und Süd,
Der Palmwald rauscht, der Wolkenturm erglüht...

In der Frühe durchsausen wir wieder den Wald, wir sind unterwegs nach Trincomali, dem Naturhafen an der Ostküste. Rast unter einem Ficusriesen. Drüben am Waldrand sitzt regungslos eine helle Leopardenkatze und äugt herüber. Affen in den Bäumen. Dann Wiesen und Sümpfe und blaues Gebirge in der Ferne. Ein Zug weißer Wildgänse segelt hoch im Wolkenlosen. Wald, Wald. Endlich ein Dorf, Horuwupotana. Frühstück im Wagen im Sonnenbrand. Weiter durch Wald. Ein Schakal huscht über den Weg, ein flinker Mungo. Im Wasser des Straßengrabens liegen schwarze Krokodile. Endlich kündigen hochragende Palmen die Nähe der Küste an, und da leuchtet auch schon die blaue Bucht von Trinco ... ein weißes Dampferchen, Fischerboote und weiter Himmel ...

Die alte verwunschene Portugiesenbastion steht noch immer auf der Landspitze, nur blicken ihre Kanonenrohre nicht mehr aufs Meer hinaus, sondern liegen angerostet im Sande umher.

Aber was hat *das* zu bedeuten? Ein Mann steht im Pranam davor (die Hände in Devotionshaltung an der Stirn), und ins Maul des Mordrohres hat er ein paar liebliche Tempelblumen gelegt — Indien, die Welt der großen Symbole, schickt uns den ersten Gruß übers Meer. Das ist das Heilige Lingam, Symbol des Logos, des Uranfangs, der Schöpferkraft!

Es ist noch unvergessen, daß einst ein großes Wischnuheiligtum hier gestanden hatte, eines der Weltwunder des Ostens. Vor vierhundert Jahren, als sich die ersten fremden Herren, die Portugiesen, im Lande Ceilão festsetzten, war der Tempel einer kolonialen Strafaktion zum Opfer gefallen und bis auf den Grund zerstört worden. Dafür hat dann — Ironie der Weltgeschichte — der weiße Mann diese eisernen Lingams hier liegenlassen.

Durchs Gebüsch des Hügels huschen Warane und nehmen Reißaus, zwei Meter lange graue Eidechsen, die schon seit der Kreidezeit hier ansässig sind.

Nun stehen wir oben im kühlen Winde der Bastion — ringsum ruht die tiefdunkle See des Indischen Ozeans ... Unten am hellen Strande liegen weiße Korallen und Muscheljuwelen von der Brandung zu Haufen geschichtet — ich stecke mir die Taschen voll. Mittagshitze und tiefe Einsamkeit. Watend fängt ein Mann im seichten Wasser silberne Fische mit dem Handnetz. Für ein Kupferstück nehme ich ihm den Fang ab und gebe den Wesen die Freiheit wieder. Ich selbst wate in der Kühle.

Im Städtchen Trincomali begegnet uns ein Zug brauner Leutchen, sie treiben bei Trommelklang ihre Rinder zum Schiwatempel, um sie dort zu ehren, denn heute ist der Festtag der Haustiere. Die fünf kleinen Buckeltiere sind mit dicken Jasminkränzen geschmückt, ihre Gehörne sind rot und grün gefärbt zu Ehren der Götter. Wir sind im Tamilenlande, bei den Hindus, denen die Nordhälfte von Ceylon gehört.

Kofferpacken und Abschied von Ceylon! Die drei Singhalesenboys vom Hotel nageln die Muschelkiste zu, sie klopfen endlos darauf herum und mehr auf ihre Fingernägel als auf die Eisennägel. Die Kiste soll nach Berlin abgehen, ich vertraue den guten braunen Jungens das Frachtgeld an. Wirklich, sie ist angekommen.

Um Mitternacht stehen wir auf dem Bahnsteig von Anuradhapura, zum letztenmal inmitten der dunklen Singhalesenaugen, die immer so verwundert blicken; weiß leuchten die langen Lendentücher — und dann reisen wir im Nord-Ceylon-Expreß ab, erwartungsvoll auf das eigentliche Indien zu.

SÜDINDIEN

Es ist ein heller, milchiger Morgen, zartblau und glatt liegt die See, wie eine Opalscheibe. Ein schmutziges Fährschiff, Geldwechsel. Dann legen wir neben dem Eisenbahnzug auf der Holzbrücke an und betreten das Land Indien, Bharat ...

Sand, einzelne Palmen stehen unfroh und sonnenversengt im Felde, lassen einen Mantel toter Blätter hängen. Da drüben, fern im Morgendunst, stehen die Silhouetten der Tempeltürme von Rameschwaram, Wischnus großem Heiligtum hier am Ende der Welt.

Bequem sind die ledernen Liegeplätze in der ersten Klasse, zwei blaue Mattfenster und eines von Gaze schützen gegen Sonne und Staub; aber Federn scheint der Wagen nicht zu haben. Um einhalb vier sind wir in Madura. Bahnhofsrasthaus, fast möbellose Zimmer und zerrissene Moskitonetze.

Auf der Veranda, wo die Aborte sind, macht sich ein Grau-bekittelter zu schaffen, rennt aber eiligst mit furchterfülltem Blick davon, sobald er uns sieht. Ein Dieb? Nein, es ist der Mehtar (oder Sweeper), ein armseliger Unkast, der für so unrein gilt, daß er uns nicht einmal seinen Anblick zumuten darf. Seine Arbeit ist dementsprechend auch die niedrigste. Selbst bei der Trinkgeld-verteilung darf er sich nicht sehen lassen; dafür steht im Speisesaal eine Sammelbüchse „for the sweeper", und aus christlichem Herzen fällt eine ganze Rupie zum Erstaunen des andern Personals dumpf tönend hinein.

Das Reisen wird in diesem Lande erst möglich durch die Firma Spencer, deren Erfrischungsräume auf allen großen Stationen die Zuflucht der seltenen Gäste sind. Für hohe Preise wird man leise, langsam und gut bedient. Und draußen hockt immer ein netter brauner Knabe und beginnt, sobald man sich zu Tische setzt, die Panka zu ziehen, den breiten Strohteppich, der von der Decke herabhängt, um kühlenden Wind zu spenden ... Das hüpft wie ein Äffchen die Schnur auf und ab und lacht einen aus glänzenden Augen und weißem Gebiß an, stumm, während der ganzen Mahlzeit, und zeigt dabei zum Munde. Das bedeutet „Hunger". Schließlich kriegt er seine Annas und entfernt sich stumm und immer noch lachend mit dem Stirngruß.

Anna heißt „Nahrung". Zugleich ist es die geringe Münze vom Wert einer Mahlzeit. Ist es Zufall oder schöner Sinn?

Indien ist das Land der stillen sanften Menschen, und besonders der liebenswürdigen Kinder.

Weitgebaut sind diese südindischen Städte, bar aller Behaglichkeit die rosa Tünchhäuser, es riecht nach Curry. Das Auto biegt um eine Ecke, stop, da ragt am Ende des Straßenbildes der erste Tempelturm auf und versetzt mir den Atem ... Schlank steigt er hoch (seitlich gesehen), von Palmen umwedelt. Hundert Säulchen umstehen und hundert Götter umwimmeln ihn, sitzende, ruhende, tanzende; es ist das Tutti eines Orchesters in Stein. Neunfach steigt der Weltenbau an, immer höher, immer enger der nächstfolgende Götterhimmel. Neun kleine Entlastungskammern öffnen sich übereinander. Fröhlich ist das Ganze anzusehen — Schiwa ist ja nicht nur der Zerstörer der Wesen, er ist auch ihr Erfreuer, zumal der Spender von Liebesfreuden. Ja, er bewirtet die Gäste mit seinen eigenen Töchtern: die Devadassi, die schönen Tempelmädchen, gibt er ihnen zum Genuß. Die tanzen mit in dem Gewimmel da oben.

Nicht Sünde und Fall aus dem Paradiese bedeutete hier der Liebestrieb den Alten, sie erkannten in ihm vielmehr das Geschenk Gottes, ohne welches er seine liebe Welt gar nicht unterhalten könnte; unterhalten, wahrlich, in des Wortes doppelter Bedeutung!

Diese Tempeltürme sind so verwirrend in ihrer Gestaltenfülle, daß man einzelnes nicht zu unterscheiden vermag. Das Dach des Steinkolosses ist ein mächtiger Monolith, den einst hunderttausend Arme auf schräger Holzbahn hochgezogen haben. Tirumala,

König der Tamilen, hat die grauen Tempel erbaut zu Gustav Adolfs Zeiten. Älter sind sie nicht.

Und doch sind sie graues Altertum! Wer nach Indien reist, reist nicht nur in ein fernes Land, sondern auch in fernste Zeiten, reist Jahrtausende zurück ins urmysterienerfüllte Altertum. Ägyptens Tempel sind tot, bloße Trümmer die Inkabauten, leere Ruinen das Parthenon... Aber das hier *lebt,* es existiert in blutvoller Gegenwart und zeigt keine Spur von Verfall. Indiens Brahmanen sind antike Menschen, zwischen unseren und ihren Seelen liegen dreitausend Jahre Distanz. Und wer weiß, ob nicht von hier aus einmal das religiöse Empfinden der ganzen Menschheit wieder neue Impulse erhalten wird? Sri Ramakrischna, Sri Ramana Maharischi — zwei altindische Heilige und doch Menschen unserer Zeit! Wahre Religion ist zeitlos. Dogmatische Enge ist hier nicht zu finden: Alle Wesen streben zu Gott.

Hier in Madura hat er die Gestalt des Schiwa-Sundareschwara angenommen, des „Schönsten-Welten-Herrn": als Wirklichkeit, als Naturkraft, als Schöpfer, Erfreuer, Quäler und Vernichter der Wesen. Und seine Gattinnen sind wie er, liebenswürdig zugleich und entsetzlich: Parwati, Minakschi, Kali und Durga...

DER TEMPEL VON MADURA

Ein Schild in Devanagari-Schrift, und darunter steht es auch englisch: No admittance to Parias. Kastenlose dürfen nicht hinein. Das ist die schwarze Bettlermenge vor dem Eingang.

Ein Markthallentor ist der Eingang, und wirklich, wir sind wie in einer Markthalle: Früchte stehen in Körben feil, Sandelholz und Reis, Rosenkränze von Fruchtkernen, Opferbutter und Tempelblumen. Ein Duftgemisch von Jasmin und Gewürzen durchzieht den Raum, der Geruch Indiens.

Das ist kein Tempel nach unserer Vorstellung, das ist eine ganze Stadt. Mühlbrettartig ist sie angelegt, mit Straßen, Mauern und Tortürmen: Den mächtigen Gopurams. Sechzehn solcher Turmriesen streckt Madura zum Himmel empor. Eben durchschreiten wir wieder einen; er ist kleiner, kürzer, ein Bienenvolk von Göttern. Dann nimmt uns das Dunkel weiter Hallen auf: eintausend Säulen, wilde Skulptur, Fratzen und bäumende Pferde. Nur Brahmanen leben in der Tempelstadt. Wohlgestaltete hellbraune Männer stehen herum, nacktbrüstig, weiße Gewandung hängt über die linke Schulter und die Lenden herab bis zu den bloßen Füßen. Über die Stirn zieht sich Schiwa's weißes Aschenzeichen in drei breiten Streifen hin, dick wie ein Gazeverband. Die Häupter sind glänzend geschoren bis auf den dünnen Schopf — an dem wird sie der Gott dereinst in der Todesstunde an sich ziehen, sie, die ihm hier im Körperlichen schon so nahe sind, verbunden durch die geistige Nabelschnur der Brahma-Jati, der heiligen Brahmanengeburt. Das Symbol dieser heiligen Schnur tragen sie als Bindfaden quer über der behaarten Brust (meist hängt ein kleiner Schlüssel daran).

Jetzt stehen wir im Herzen des Tempels, beim heiligen Lotusteich, dem grünlichen Badebassin, Stufen führen hinab. Ein Blick umher zu den götterwimmelnden Türmen, ringsum stehen sie grau und hoch im Blau der Luft, Palmenhäupter umwanken sie wie Fächer im Winde — kann Phantasie sich Schöneres, Transzendenteres in Stein ausdenken? Es ist die Gotik des Äquators.

Ein Durchgang, Stimmen, ich stecke den Kopf durch die niedrige Tür: Sechs brahmanische Knaben sitzen da kerzengerade am Boden, die Beine untergeschlagen, sie lernen laut den Veda; näselnd sprechen sie im Singeton und so genau im Takt, als sei es eine einzige Stimme. Was sind das für feine zarte Gesichter! Schelmisch lachen sie mich von der Seite an, ohne den Kopf zu wenden und deklamieren weiter, Emailleaugen blitzen und untadelige Zahnreihen.

Ganz frei und unbehindert spazieren wir durch den weiten Tempelbezirk, weiß von Kleidung und von Haut — ein Weiß, wie es die hellste Brahmanenmutter nicht liefern könnte, und darum folgen uns verwunderte Blicke.

Galerien öffnen sich, Fratzen von grauem Stein, Glotzaugen, Tanzbeine, straffe Brüste und kreisende Hüften. Wie ist diese Religion der Sinnlichkeit doch so verschieden von der unsrigen! Dort sitzt der kugelbäuchige Elefantengott, Ganescha, der Sohn des Ischwara-Schiwa. Und überall läuft die Galerien entlang das Symbol von des Höchsten Gottes Zeugungskraft, das heilige Lingam; in Reihen zu Hunderten, wie Kilometersteine. Jetzt erst begreift man, warum die indische Frau im Gatten den Gott sieht. „Die Frau hat keinen anderen Gott auf Erden als ihren Mann, er mag nun krumm oder gerade sein." (Purana.)

Aber nicht nur Stein, auch Lebendes ist hier geheiligt. Da schreitet er gemessen auf uns zu, der weiße Tempelelefant, hoch wie ein verwitterter Kalkfelsen, mit der fleischfarbenen Blässe auf Stirn und Rüssel, die göttlichen Zeichen sind sorgfältig aufgeschminkt. Weiße Zeburinder liegen und spazieren einher, weitgehörnt, wiederkäuend, herrlich duftend und wohlgepflegt. Und das graue Eichhörnchen Indiens, Gläri, hüpft ohne Scheu vor unseren Füßen herum, hier, wo alles Lebende miteinander befreundet ist.

Eine dunkle Gallerie, sie hocken in Gruppen, untätig und still. Ein Betender liegt bäuchlings auf dem Boden, die Arme ausgestreckt, wie tot. Jetzt hebt er den Kopf und küßt die Steinquadern.

Der Tempel ist des Volkes wahrer Himmel. Hier lebt es mit seinen Göttern zusammen und freut sich ihrer Gegenwart. Durch das weite Portal zieht ein nicht aufhörender Zu- und Abstrom von Menschen — von jenem animal metaphysicum, das ja in Indien seinen höchsten Typus hervorgebracht hat. Mandir, der Tempel, ist die Wohnstätte der Gottheit, ein Ort, an dem erhöhte Freudigkeit herrscht, und wer ihn besucht darf teilnehmen am Glück der Himmlischen; denn Menschentum und Göttertum sind hier nicht durch Abgründe voneinander getrennt, sondern fließen ineinander über.

Wieder haben wir einen hohen Gopuram durchschritten. Einen Blick hinauf in das Göttergewimmel. Schönes ist mit Fratzenhaftem gemischt, das Groteske fehlt nicht. Das ist wirklich eine Bach'sche Fuge in Stein, die bis ins Disharmonische vorstößt, bis zur letzten Möglichkeit.

Dort im Hofe auf dem steinernen Podest, dreht sichs wie bunte Kreisel. Sechs Tempelmädchen tanzen, leider! nur eine Minute lang. Weite Rotröcke wirbeln, schlanke Arme kreuzen sich über blinkendem Kopfputz. Zwei junge Gesichter von hinreißender Süßigkeit sind darunter. Schönscheitelig leuchtet das schwarze Glanzhaar, Schiwas rotes Punktmal steht mitten im Stirndreieck und gibt dem Blick einen geheimnisvollen Ernst. Goldschmuck steckt im Nasenflügel, hängt über die unküßbaren Lippen herab, klirrt leise an den Fußgelenken. Sie tanzen barfuß, die Zehen sind beringt. Sie sind Töchter aller Kasten, von der hellen Brahmanin bis zum dunklen Schudramädchen hinab, Geschenke an den Tempel und die Gottheit. Sie genießen priesterliche Ehren. Mit welchem Ernst sie tanzen — jetzt knien sie, wachsen wie Lotosknospen aus dem weiten Rund ihrer Kleider hervor, erheben die braunen Hände flach zusammengelegt zur Stirn ... Uralte Aryas!

Madura ist Schiwas Lieblingsstadt. Unter ihren Menschentöchtern erblickte der Weltenherr einst Minakschi, die „Fischäugige", verliebte sich in sie und nahm sie zur Gattin. Durch den Ehevollzug stieg diese zu göttlichem Range auf und erlangte Unsterblichkeit.

Im Zentrum der Tempelstadt hat die Fischäugige ihr Allerheiligstes; und hier sind wir nun auch an der Grenze der Hindutoleranz angelangt. Den Mlecchas, das sind Nichthindus und Kaum-Menschen, ist der Zutritt verwehrt.

Hier steht Kali's Bildsäule. Die Frauen werfen mit Butterstücken nach ihr hin, und die „wonnevolle Mutter" steht fettglänzend da, rußig und bekleckst; aber so hilft sie, heißt es, den kranken Kindern. Ihr Allerheiligstes ist eine barocke gewundene Goldsäule im Halbdunkel eines Zimmers.

Aus Nordindien ist eine Schar von Yogis angekommen. Nackt bis auf ein Läppchen Feigenblatt hocken sie mit verschränkten, mageren Beinen unter einem heiligen Baum. Wie Gespenster sind sie anzusehen; denn ihre Körper sind mit weißer Holzasche eingepudert und das Haar ist zu gelben öligen Klumpen verschmiert. Einigen klebt dieselbe Schicht wie Ölfarbe auf dem Gesicht — wollen sie damit wohl ihre Individualität verbergen, wie die Mönche unter der Kapuze? Ein Gitter sperrt die heiligen Männer ab, die Menge staut sich stumm und ehrfürchtig davor. Von welcher Kaste sind sie? Diese einzige Lücke hat das eherne Kastengesetz offen gelassen: der Yogi, der das Himmelreich mit Gewalt an sich reißt, ist ihm entronnen. Niemand fragt ihn nach Sippe und Geburt. Verweht ist Name und Herkunft — „Wie der Strom, wenn er in den Ozean mündet, Namen und Gestalt verliert, so auch der Mensch, der ins Brahman eingeht". So tief, so konsequent ist Indien.

Man öffnet mir das Gitter, sogleich drängt die Menge nach, jeder will eine Berührung der heiligen Männer erhaschen. Doch schnell schließt Mathura, unser Führer, hinter mir ab und ich stehe allein im Käfig bei den gespenstischen Gestalten. Sie nicken mir freundlich durch ihre Aschenmasken zu und halten zum Gruß beide Handflächen entgegen, zur offenen Schale aneinandergelegt, als

solle ich von der Güte ihres Wesens daraus etwas mitnehmen ...
Bhakti, die hingebende Gottesliebe, das ist ihr Weg. Einige rauchen
Hanf von einem glimmenden Stück Seil. Ich will sie noch etwas
fragen, aber das schwelende Holzscheit (für ihre Körperasche) beizt
mir so die Augen, daß ichs nicht aushalte und fort muß.

Mir kommt in den Sinn, was für ein einwandfreies Asepticum
diese reine Asche sein mag. Ungeziefer und Hautkrankheiten, das
schwerste Übel der tropischen Völker, gelangen da nicht hin. —

Kaiser Tirumala hatte sich ein Lusthäuschen gebaut, einen
luftigen weißen Marmorpavillon mitten im künstlichen See Teppa-
kulam. Zur Abendzeit rudern wir hinüber, auf Leitern ersteige
ich die Balustrade ... Dämmerung, die Luft ist so still und rein,
Mondsichel und Venus blitzen scharf und silbern. Ein Gebirge zieht
sich am Horizont hin wie die Silhouette eines ruhenden Elefanten.

Die tamilischen Könige besaßen noch einen Palast von Hindu-
und Renaissance-Stil in fremdartiger Mischung. Noch unfertig
scheinen diese verlassenen Räume, und wir durchwandeln Säulen-
hallen und Höfe im Schein der Handlaterne wie einen Neubau.
Denn plötzlich ist es Nacht geworden. An diesem einen Tage
haben wir Indien erlebt —, nein wir werden es erst erleben, heute
um Mitternacht bei der Puja.

PUJA

Seit elf Tagen lärmt die Puja, das Fest des Schiwa-Sundareschwara. Wir verweilen im nächtlichen Tempel in Erwartung der
Prozession mit den Götterbildern. Das niederträchtige elektrische
Licht! Seit ein paar Jahren verwandeln ein Dutzend greller Glüh-
birnen die alten Mysterienstätten in nüchterne Bahnhofshallen.
Ampeln, Fackeln, Lichter, sie brennen umsonst, ihr Zauber ist
dahin.

Da liegen nackte schwarze Beter platt auf dem Bauch. (Nimm
dich in acht, sie nicht zu berühren!!) Sie zeichnen mit weißer Asche
ein Mal am Kopfende auf den Steinboden, erheben sich wieder und
werfen sich dort wieder hin und immer wieder — bis sie das ganze
Heiligtum mit ihrer Körperlänge durchmessen haben. Das mag
tagelang dauern. In den Glanzblick ihrer Augen mischt sich
Wischnus rotes Flammenzeichen in Form einer Stimmgabel, die
von der Nasenwurzel zur Stirn hinaufgezogen ist.

Wieder andere verehren die Gottheit im Aspekt Schiwas. Drei
fingerdicke Aschenstriche ziehen sich quer über die Stirn hin und
von den Gesichtern bleibt nicht mehr viel übrig.

Kein weibliches Wesen ist im Tempel zu sehen.

Als wir tiefer in den halbdunklen Raum eindringen, beginnt
ein aufgeregter Lärm. Man ist die Fremden hier nicht gewöhnt,
und Mathura, unser Mentor, hat Mühe, die Leute zu beschwichtigen,
wobei er selber mit beiden Armen gestikuliert, die Glotzaugen auf-
sperrt und schreit, bis alles in ohrenzerschneidendem Blasen und
Dudeln untergeht (Schiwa hat nämlich Freude am Lärm). Dann
Pauken, Klingeln und Trommelschlagen — wie Keulenschläge
dröhnt es — die Götterbilder nahen... Zum Höllenlärm wächst
das an, und da wankt auch schon der erste Elefant heran, bunt

78

behängt, und dionysisch erregt folgt die halbnackte Menge. Auf
zwei armdicken Bambusstämmen tragen sie gebückt und aufgeregt den schweren Kasten mit der Puppe der Göttin Parvati,
Schiwas dunkler Gattin. Winzig steckt ihr dunkelblaues Gesicht
auf der weiten Pyramide ihres Gewandes.

Ehrwürdiges, urzeitliches Bildnis, ich erkenne dich auf den ersten
Blick! Genau, ja genau so stehen alle die Virgenes auf den Altären
von Spaniens Wallfahrtskapellen. Virgen del Valle von Toledo
und Mare de Deu del Montserrat und wie viele andere noch —
über jeden Zweifel erhaben ist eure Verwandtschaft mit Parwati
hier. Magna Mater, hier wurdest du zur Gattin des Gottes, dort
zu seiner Mutter.

Virgen del Montserrat, ich sah sie „sens vestits", das ist ohne
Feiertagsgewandung, und das rührende Geheimnis ihrer Herkunft
enthüllte sich: die Pfosten ihres Throns sind heute noch ehrwürdige
Lingas... Kein Wunder für den, der die Felsformationen des
Montserratgebirges durchwandert hat.

Doch hier ist es Parwati, die Urform, und alles wirft sich zu
Boden, nur wir allein stehen noch aufrecht in hellen Waschanzügen
inmitten der nackten braunen Rückenmenge. Dudelpfeifen,
Klingeln und Trommeln ersticken von neuem die Menschen-
stimmen... Fackeln nähern sich, und nun das Bild des Schiwa-
Ischwara selbst: Eine Scheußlichkeit von Silber, ein gekrönter
Riesenkopf auf unförmigem Rumpf. Kniet oder purzelt er? Ein
Bauch, die Stolperbeine hochgezogen, schwebt in der Luft, böse
Glotzaugen blicken über breiter Nase und einem geringelten
Schnurrbärtchen — und das alles ist von Silber, überlebensgroß,
und soll Ihn, den Sundareschwara, vorstellen, den Gott in seinem
Schönheitsaspekt! Wie fremdartig mutet das an, eher scheint es
einen Dämonenfürsten darzustellen.

Der junge Brahmane, der den Zug anführt, winkt uns mit sehr
deutlicher Geste zu, die Hände schnellstens in Gebetshaltung zu
nehmen, und wir legen sie auch gehorsam aneinander. Die Gefährtin ist schon in heller Angst, und selbst dem Mathura wird's
jetzt ungemütlich. Der reißt seine Augen noch weiter auf, zerrt
uns an der Hand fort durch das Schwarz der Leiber und schreit die

Leute an, denn schon beginnt die Menge sich mehr für uns zu interessieren als für den Gott ... Wir laufen, so gut es geht, neben dem Bilde her, den Höllenspektakel in den Ohren, und erreichen endlich den Ausgang. Hier waltet rotbeturbante Tempelpolizei und knüppelt die draußen harrende Paria-Menge auseinander, bis wir den Wagen erreichen und Gas geben ... sie rennen uns noch nach.

Und die Upanischaden-, die Atman-Philosophie? ˜Nun, die verträgt sich mit solchem urzeitlichen Kult. Dies hier war Saguna Brahma, die Gestaltete Gottheit. Jenes ist Nirguna Brahman, Das Ungestaltete. Im indischen Geistesleben hat alles nebeneinander Platz.

*

Es ist um die Abendzeit in einer von den breiten Straßen der einstöckigen Stadt. Da, unter einem dunklen Mangobaum, sitzen wieder unsere nackten Sanyassins (Yogis) vom Vormittag. Sie grüßen mit demselben schönen offenen Händegruß und reichen uns Apfelsinen und Bananen zum Geschenk. Einer sitzt starr im Dhyana (Inschau), mit verdrehten Augäpfeln konzentriert er den Blick auf die Nasenspitze. Es ist Sonnenuntergang, und plötzlich, wie auf unhörbares Kommando, schicken sie alle den Namen des Gottes in die Luft, dreimal kurz und grell, wie aus *einer* Kehle, wie Vogelschrei: Hari ... Hari ... Hari ... Das ist ihr Abendgebet.

Mathura führt uns in das mattenbelegte Haus eines Kaufmanns. Im leeren, tischlosen Zimmer nehmen wir auf Stühlen Platz, und eine volle Stunde lang sucht die Gefährtin aus, läßt wortlos Goldschal nach Goldschal, Silbertuch nach Silbertuch durch ihre schlanken Hände gleiten. Spinnengewebe, Gold in Graublau gewebt, „Morgendämmerung" genannt, Gold in Oliv „Mondschein im Lotusteich", Gold in Rot „Sonnenuntergang". Danach Brokate aus Benares, goldene Blätter auf weiße Seide gestickt, maßlos schön und sehr teuer. Kniend und stumm wird es von Beturbanten auf hellen Matten ausgebreitet, und schließlich sind alle zufrieden, als wir das Haus wieder verlassen und in die Sternennacht hinaustreten.

Der Große Schiwatempel von Madura

Schiwa-Ischwara, Südindisches Götterbild

Wir wohnen auf dem Bahnhof. Nachts lärmt es vom Bahnsteig herauf, Verkäufer von Brotfladen schreien jeden Zug entlang. Wie gering mag ihr Tagesumsatz sein! So ein indischer Bahnhof ist ein Massenquartier. Das hockt zu Hunderten weißbeturbant nächtelang herum. Die Abteile in den Zügen sind wahre Heringsbüchsen, die Eisenbahn überwindet sogar die Kastenschranke. Da sitzen Brahmanen zwischen Schudras eingequetscht, zwischen Leuten, deren Schatten sie sonst schon verunreinigen würde. Ja, noch schlimmer: Fiele auch nur der Schatten eines Schudra auf einen Brotlaib, so würde er dadurch schon ungenießbar werden!

Oben im Stationsgebäude sind die wenigen Hotelzimmer. Sie lassen manchmal zu wünschen übrig. Glücklich, wenn man „springbeds" erwischt und nicht ein hartes indisches Matratzenlager. Die Nacht und der Reisetag danach werden zur argen Strapaze.

TRICHINOPOLI

Abreise von Madura mit Sonnenaufgang. Reisfelder, einsam
stehende Palmen darin. Trockenes Land und staubgraue, baum-
lose Dörfer. Mittags Ankunft in Tirutschinapalli, der Stadt
Wischnus. Englisch heißt sie einfach Trichinopoly, Trichinenstadt.
Das ist auch der amtliche Name.

Von hier wollen wir im Auto weiter. Aber das Gepäckgestell
fehlt, und sechs braune Hände beginnen die Handkoffer auf dem
Trittbrett festzumachen. Das mitanzusehen verlangt stärkere Ner-
ven, als man nun gerade auf einer Indienreise hat, und ich gerate
etwas aus dem Häuschen — worauf automatisch alle Hände los-
lassen und herabhängen. Ein Wort der Ungeduld lähmt augenblicklich den Orientalen. Ich verlange Stricke, man bringt Bindfaden. Nun, wozu sich ärgern — schließlich hängen die Koffer
doch irgendwie am Wagen, und wir reisen ab.

Palmensterne stehen über den Dächern des flachen Städtchens,
Leute sitzen unter Sonnenzelten. Ein heiliges Teichbassin liegt,
wie überall, im Herzen auch dieser Menschenstadt, dem ‚Lotus im
Herzen‘ entsprechend. Die Brüstung ist rotweiß schraffiert in den
Farben Schiwas und spiegelt sich mit dem hohen Monolithfelsen
darüber so wundervoll im Wasser, daß Bild und Abbild nicht zu
unterscheiden sind. Die Sonne brennt. Wir fahren wie immer im
offenen Wagen, und in erfrischendem Winde geht's über die große
Eisenbrücke des Kauweri-Stroms, breit wie die Donau. Am Ufer
sieht man Brahmanen ins Wasser steigen und unbewegt bis zur
Brust im heiligen Strom beim Morgengebet stehen. Sie waschen
des Morgens zugleich mit dem Körper auch ihre Seele. Ein ge-
flochtenes Korb-Boot, eher eine schwimmende Schale, treibt mitten
im grünen Strom. Jenseits überragen wieder breite Türme den

Palmenwald — die Gopurams von Schri-Rangam, Wischnus größtem Heiligtum.

Nur vier von den sieben Höfen des Tempels sind uns zugänglich, dann versperrt wieder die große Verbotstafel allen Parias, Christen und Mohammedanern den Weg. Mühlbrettartig ist auch diese Tempelstadt angelegt, und wir durchschreiten den ersten Torturm. Es ist nicht anders als in Madura. Hat man einen Dravida-Tempel gesehen, so kennt man sie alle.

Im ersten Hof steht der Koloß des Jaganath-Wagens, ein fahrender geschnitzter Holztempel auf dicken Rädern, schwarz verkrustet von Öl, Ruß und Staub. Heute ist er „im Fieber", sagt man uns. Das Fest der Puja ist eben verrauscht, und zehn Tage braucht er, um sich zu erholen. Dies also sind die berühmten Todesräder, unter die sich fromme Selbstentleiber hinwarfen. Früher hatte der Wagen angeschärfte Räder gehabt, die das Opfer sogleich zerschnitten — während Musik dabei ertönte und dunkle Tempelmädchen mit fliegenden Rotröcken im Tanze kreiselten zur Ehre des Jaganatha, des Welten-Herrn ... Heute ist es nur noch eine harmlose Prozession.

Denn nur dreimal — nicht öfter — hat sich die Britische Regierung in Religionssachen eingemischt und Verbote erlassen: Bei Kalis Menschenopfern, bei der Witwenverbrennung und beim freiwilligen Opfertod unter diesen Rädern.

Wohnstraßen der Brahmanen, sie hocken im Schatten herum, Arbeitslast kennen sie nicht. Wir besteigen ein flaches Hallendach. Von drüben, zwischen Palmengrün, blinkt golden die Kuppel des Vimanas herüber, der Cella von Wischnus schöner Gattin. Sie ist das ganz private Gemach der Göttin, und kein Fremder hat es jemals betreten. Im steinernen Bilde steht Lakschmi dort und läßt sich huldigen wie einer Lebenden. Mit zarter Musik weckt man sie, dann erfolgt die Morgenwäsche, das Frühstück und das Ankleiden, ein göttliches Lever. Und abends ebenso. Die körperliche Manifestierung der Gottheit, ihre Person ist in Indien ja kein bloßer Begriff, sondern lebendiges Erlebnis. Was hat Ramakrischna nicht davon berichtet! Indien steht immer in Erwartung des Supranaturalen, und geistige Gesetze wirken heute noch wie zu Zeiten des Zagreus und der Persephoneia.

„So wie ich manchmal bekleidet hier sitze und dann wieder unbekleidet", sprach Ramakrischna, „so nimmt auch das Unpersönliche Brahman (nirguna-brahman) zuweilen Eigenschaften an, und ist dann wieder eigenschaftslos. Im ersteren Falle (saguna-brahma) nennt man es Ischwara oder persönlichen Gott." Er vergleicht es auch mit dem Wasser, welches zuzeiten fest wird, dann wieder ins Formlose zerschmilzt und sich verflüchtigt.

Doch zurück nach Schri Rangam. Ringsum ragen mächtige Gopurams ins Himmelsblau. Sonnige Stille. Nur zwei Brahmanen sind uns gefolgt. Grüne Papageien flitzen im Schwalbenflug und schreien.

Am Ausgang bietet man hübsche Schnitzwerke aus Sandelholz feil, von denen ich zwei erstehe. Das eine stellt Ganescha dar, den Sohn der heiligen Familie Schiwas, den bekannten aufrechtsitzenden Elefanten-Dickbauch. Er sitzt auf einer Ratte, ist Symbol der Lebensklugheit und des allgemeinen Glücks und eine sehr beanspruchte Persönlichkeit; denn er hilft Prozesse gewinnen. Leider jedoch opfern ihm *beide* Parteien!! Sein Reittier ist die kleine Ratte, die überall so geschickt durchschlüpft. Wenn's um Symbolik geht, schreckt der Inder vor nichts zurück.

Das zweite Sandelhölzchen stellt den lieblichen Krischna-Jüngling dar, Wischnus letzte Inkarnation. Er bläst auf der Hirtenflöte, und sein Eselchen leckt ihm die Fußsohle.

Hier in Trichinopoli wird auch das Wasser-Linga verehrt. Jedem der Mahabhutas, der „Großen Gebilde", welche sind: Das Heiße, Fließende, Luftige und Feste (Feuer, Wasser, Luft und Erde) kommt sein eigener Tempel mit dem steinernen Linga im Sanktuarium zu. In Cidambaram, unweit von hier, hat sogar der Akascha, der äthererfüllte unendliche Raum sein Linga-Heiligtum. Dieses Linga wird unsichtbar in der leeren Cella „gezeigt" und sein „Anblick" gilt für besonders segenbringend; selbst unberührbar, gilt er zugleich als erlösende Macht für die „Unberührbaren", die Ausgestoßenen der Gesellschaft.

Mit dem Phallos verbindet der Hindu die frömmsten Gefühle. Gerade das libidinöse Moment ist hier ganz ausgeschlossen. Im Himalaya bei Amarnath liegt die heilige Natur-Linga-Höhle, das jährliche Pilgerziel viel Hunderter von Yogis. Der Yogi aber ist ein kristallreines Wesen, in dem nicht einmal der Gedanke an Copulation aufsteigt. Ja, es wäre zu denken, daß die Höhle von Amarnath der rechte Wallfahrtsort zur Heilung von Bedrängnissen solcher Art wäre; kraft der Reinheit des Orts durch die Gegenwart so vieler Reiner.

DER TEMPEL DER KALI

Tief im Walde versteckt, weitab von der Stadt, liegt ein Tempel der Kali, der Schwarzen Göttin; ein weißes Häuschen, von rundem Aufsatz gekrönt, die Kultstätte der niederen Kasten. Kinder laufen ängstlich fort, als das Auto naht, eine ärmliche, pechschwarze Drawidafrau kommt erstaunt heraus und schließt auf. Ich betrete den dunklen, dumpfigen Raum für drei Augenblicke. Schwarz und blank von Ruß und Fett steht der niedrige Blutaltar in der Mitte. Ebenfalls bis zur Unkenntlichkeit verkrustet die Steinfratzen von Kali und Ganescha. Sie schlachten hier Ziegen und Tauben.

Ob früher auch Jünglinge? Dazu ist dieser Ort sicherlich viel zu primitiv. Aber nicht weit von hier, in Tandschur und auch in Bombay, wurde noch im vorigen Jahrhundert alljährlich am Tage des Dashahara-Festes ein junger Brahmane vor dem Blutstein niedergestoßen. Ja, in Tandschur ganze Scharen von Jünglingen, nach zuverlässigen Berichten.

Entsetzlich ist das Bild der Göttin anzusehen! Mit lechzender roter Zunge, ein abgeschlagenes, noch triefendes Menschenhaupt schwingend, tanzt sie auf einem gefesselten männlichen Leichnam. Eine klappernde Schädelkette dient ihr als Halsschmuck, ein Schurz von abgeschlagenen Menschenhänden umhängt ihre Lenden. Der zweite Arm wirbelt ein Schwert, ein dritter teilt Blumen aus, der vierte deutet zum Himmel.

Wenn der Brahmaputrastrom die Gebirge Tibets verläßt, durchfließt er das Land Assam, die nordöstliche Ecke des indischen Kontinents. Dort im Lande Zanitia steht der Kamakhya-Tempel auf halber Höhe über dem Fluß. Wir besitzen zuverlässige Berichte christlicher Missionare über den Kult, der noch vor wenigen Jahren dort bestand.

Auch unser Erdteil hat ja das Menschenopfer gekannt, auch Odins Haine hingen voll Geopferter.

Was aber in Indien die Menschenopfer von denen anderer Völker unterschied, das war die freiwillige, freudige Hingabe des Opfers an die Gottheit, welche hier die Gestalt der Mutter Kali angenommen hat. Nur Jünglinge aus brahmanischen Familien durften sich überhaupt dazu anbieten. Der junge Mann wurde dann sorgfältig auf Körperfehler hin geprüft, schon ein durchlochtes Ohrläppchen oder eine Narbe machten ihn untauglich. Ward er angenommen, dann erhielt er vom Raja in öffentlicher Versammlung die Freiheit, von nun an zu tun und zu lassen, was ihm beliebte. Er durfte ungestraft jede Tat begehen, jedes Mädchen im Lande mußte ihm zu Willen sein. Der Bhoge Kharva war jetzt geheiligte Person, mehrere Monate hindurch — bis der Tag kam.

Am Fest der Durga-Puja wurde der Jüngling in großer Prozession zum Tempel geleitet. Hier wusch man ihn, puderte den ganzen Körper mit duftendem Sandelholzpulver und rotem Zinnober ein, parfümierte sein Haar, bekleidete ihn festlich und bekränzte ihn mit Tschambeli, dem süßen Jasmin. So vorbereitet und geweiht, verweilt er in kniender Stellung lange, beliebig lange in Meditation und Gebet versunken vor dem Altar der heiligen Mutter, während der Opferpriester mit dem dicken kurzen Schwert neben ihm stand und auf sein Zeichen wartete. Sobald er es mit leisem Kopfnicken gegeben hatte, geschah die Enthauptung mit einem einzigen Hieb.

Das Haupt bekam die Göttin auf metallener Schüssel dargereicht — die nicht von Eisen sein durfte — und die Menge der Schaktas (Verehrer) drängte hinzu, die Finger ins Opferblut zu tauchen und sich die heiligen drei Striche damit quer über die Stirn zu ziehen ...

In Indien sind alle Entwicklungsphasen des Menschengeschlechts noch lebendig. Das Land ist ein Querschnitt durch die Jahrzehntausende von der Steinzeit bis zum technischen Zeitalter. Ein lebender Querschnitt vom Höhlenbewohner bis zum Sportsmann, vom Urwaldjäger, der heute *noch* mit Pfeil und Bogen schießt, bis zu Mr. Brown, der heute *wieder* mit Pfeil und Bogen schießt. *Das* ist es, was Indien so interessant macht, ja zum interessantesten Land der Erde.

Draußen im Palmengarten sitzen die steinernen knallbunten Dorfgötter, tyrannische, schnurrbärtige Mannsbilder mit kobaltblauen Gesichtern und mit den zornigen Glotzaugen, ohne die sich das einfache Volk seine Götter nun einmal nicht vorstellt. Es herrscht eine häßliche Atmosphäre hier bei der Blutgöttin, und weiße Besucher sind ganz selten. Die Leute sind von sehr dunkler Hautfarbe und machen einen still-gedrückten Eindruck. Vorwurfsvoll leuchten die weißen Augäpfel aus fast negerschwarzem Gesicht, rot steht Schiwas kleines Punktmal dazwischen. Schudra-Kaste. Sie sind, nach Manus Gesetz, die Füße der Gesellschaft, die Dienenden; aus Brahmas Füßen entsprungen bei der Weltengeburt ...

Das war die Berührung mit dem dunkelsten Indien. Ist da kein Licht zu sehen? Zeugung und Tod sind die Pole des Lebens und auch die Pole dieser Religion. Gott ist ja nicht nur der gütige Schöpfer, er ist auch der rücksichtslose Zerstörer allen Lebens. Ohne Aufhören zerschlägt der Kosmos seine Gestalten, wie ein spielendes Kind seine Knetfiguren, und ohne Aufhören schafft er sie neu. In jeder Stunde sterben viertausendsechshundertdreißig Menschen, werden fünftausendvierhundertvierzig Kinder geboren. Nicht zu reden von der Tierwelt. Der Blick des metaphysischsten Volkes der Erde geht auf diesen Aspekt.

„Der gewöhnliche Mensch, ihr Mönche, denkt mit Gleichgültigkeit an den Tod Fernstehender, mit Trauer an den Tod der Verwandten, mit Entsetzen an den eigenen Tod." So sprach ein anderer Lehrer in Indien, der Buddha.

Dieses Entsetzen der Vernichtung spiegelt sich in Kalis Bildnis wider, dem großartigen Symbol der Naturkraft. Man nennt es Natura, sagt Schopenhauer, man könnte es auch Mortura nennen: Das-was-ewig-stirbt. — Das Individuum ist nichts, die Kraft ist alles.

Das ist Schakti, die Mächtige, wie der Göttin populärer Name ist, und ihre Verehrer nennen sich Schakta. Rauhe Seelen, sollte man meinen, indeß — — *Ramakrischna war ein Schakta!*

Die dritte Hand der Göttin teilt Blumen aus ... Es ist mir nun nicht anders möglich, als diesem großen Mann hier meine Reverenz zu erweisen!

Gadadhara Tschattopadyaya lautet der eigentliche Name des berühmten Heiligen. In armer Brahmanenfamilie war er in Bengalen, unweit Kalkutta im Jahre 1836 zur Welt gekommen. Schulunterricht hat er nicht genossen, Lesen und Schreiben zeitlebens nicht gelernt. Was hätte auch der Knabe, dieser Mozart der Religion, zu lernen gehabt! Auch Sanskrit hat er nur wenig verstanden.

Als Zehnjähriger hatte er sein erstes mystisches Erlebnis: Beim Anblick eines Zuges weißer Wildgänse hoch im Ätherblau wurde er im Geiste entrückt. Dramatisch war das Ringen des Mannes um die entscheidende Erleuchtung. Inzwischen war er Priester im Kali-Tempel von Dakschineschvara geworden. Da jedoch die Göttin, vor deren steinernem Bilde er in unaufhörlichem Flehen auf den Knien lag, ihm ihr Erscheinen versagte, griff er zur Waffe, um seinem hoffnungslosen Leben ein Ende zu machen. Da, im selben Augenblick, ward er wieder aus dem Körper entrückt und befand sich schwimmend in den Fluten eines unermeßlichen Ozeans, dessen Wellen über ihm zusammenschlugen. Jetzt, im unerwartetsten Moment, stand die Göttin in ihrer ganzen Herrlichkeit vor ihm. Nun hatte Ramakrischna den Frieden, shanti, gefunden, der ihn fortan nie mehr verließ, wie sehr er sich auch in Sehnsucht nach der Wiedervereinigung verzehrte ...

In der Folge hat Ramakrischna zweiundzwanzig Jahre hindurch gesprochen. Ein Meister des Gleichnisses, ist er nicht müde geworden, immer über ein und dasselbe Thema zu reden. Und weil alles, was dieser Genius sagt, aus dem Erlebnis kommt, werden wir nicht müde, ihm zuzuhören.

„Eine Salzpuppe wollte die Tiefe des Ozeans ergründen. Aber kaum untergetaucht, löste sie sich auf. So geht es der Einzelseele (jiva), wenn sie die Tiefen des Brahman ermessen will."

„Einstmals hatte ich eine Vision. Ein Wassertropfen dehnte sich aus und wurde zur Gestalt eines Mädchens. Die wurde zum Weibe und gebar ein Kind. Aber kaum war es geboren, da verschlang sie es. Noch viele Kinder gebar sie und verschlang sie alle. Da erkannte ich: Es ist Maya (die Große Welten-Illusion)."

„Gott spielt in menschlicher Gestalt. Er ist der große Gaukler, der das Spiel von Seele und Welt aufführt. Nur Er, der Gaukler, ist wirklich, das Gaukelspiel ist Schein."

„Laster gleicht dem Kamele, dem nicht zu helfen ist,
Das, ob sein Maul schon blutet, vom Dornbusch weiterfrißt."

Weltmensch und Heiliger: „Die Fliege sitzt bald auf dem Mist, bald auf dem Zucker; die Biene aber saugt nur den Honig aus den Blüten."

„Wie es kleinen Kindern nicht möglich ist, das Glück ehelichen Umgangs zu begreifen, so kann sich auch der Weltmensch das Glück der Vereinigung mit Gott nicht vorstellen."

Jenseits von Gut und Böse: „Gott spricht: Ich bin zugleich die beißende Schlange und der heilende Arzt. Ich bin der verurteilende Richter und zugleich der Nachrichter, der die Strafe vollzieht."

„Gott treibt den Dieb zum Stehlen, und Er warnt zugleich den Hausherrn vor ihm. Er ist es, der alles tut."

„Siechtum und Krankheit sind die Abgaben, welche die Seele für die Benützung des Körperhauses zu zahlen hat, gleichwie ein Mieter den Mietzins."

„Der Avatara, der herabgestiegene inkarnierte Gott (avatarati = herabsteigen) ist immer derselbe. In den Ozean des Lebens untergetaucht, kommt er einmal als Krischna, ein anderes Mal als Christus wieder herauf."

Ramakrischna hat sich selbst für einen Avatara gehalten, für eine Inkarnation Wischnus, der von Mitleid bewogen, aus höchsten Himmelswelten herabgestiegen war, um den Wesen ein Herausführer aus dieser grobmateriellen Leidenswelt zu werden. Nicht zu ermessen, sagt er, ist die Opfertat des Himmlischen, wenn er freiwillig einen Menschenleib annimmt und damit das unvermeidliche Quantum von avidya, von „Nichtwissen" auf sich nimmt. Seitdem er sich als einen Solchen wußte, nannte er sich mit den

Namen der beiden letzten, *seiner* beiden letzten Inkarnationen: Rama und Krischna.

In seinem 48. Lebensjahr nahm er das letzte Übel auf sich, die Zerstörung dieses Menschenleibes durch einen schmerzhaften Kehlkopfkrebs. Am 14. August 1886 war er wieder, wie gewöhnlich, in den Samadhi, die tiefe Geistesruhe eingegangen. Lange wartete sein Schüler Vivekananda — er war es gewohnt, den Meister in langanhaltender Versenkung zu wissen —, aber diesmal gab es keine Wiederkehr, es war der Maha-samadhi gewesen, der Große End-Samadhi, in dem der Meister freiwillig, wie er gekommen, wieder hinübergegangen war. Und zwei Stunden danach loderten schon die Flammen des Scheiterhaufens auf. —

„Solange der Mensch im Nichtwissen verharrt, das heißt, Gottes nicht inne wurde, ist er dem Kreislauf des Samsara, der Wiedergeburt, unterworfen. Doch nach der Erleuchtung kehrt er nicht wieder in die Welt zurück, weder in diese noch in eine andere Sphäre. Die Töpfer stellen ihre Ware zum Trocknen in die Sonne, Gebranntes sowie Ungebranntes. Wenn dann Rinder vorbeiziehen, stoßen sie einige Geschirre an und zerschlagen sie. Die gebrannten Scherben wirft dann der Töpfer fort, während er die ungebrannten wieder zur Hand nimmt und neue Gefäße aus dem alten Ton formt. Darum: Solange einer Gottes nicht inne wurde, wird er immer wieder in die Hand des Schöpfers zurückgelangen und in diesen Welten wieder erstehen."

„Gekochter Reis keimt nicht mehr. Ihn auszusäen wäre sinnlos. So kann auch, wer im Feuer der Erkenntnis gebrannt wurde, einer künftigen Schöpfung nicht mehr als Stoff dienen. Er ist frei geworden."

Mit diesen wenigen Proben wollte ich dem Leser den Geschmack an den Worten des großen Yogi's vermitteln. Und ich bringe auch sein Bild. Preis unserer Technik, daß sie uns Nachgeborenen seinen Anblick beschert! Ich möchte diese Photographie für die wertvollste aller je gemachten erklären: zum erstenmal ein Avatar, die seltenste und kostbarste aller Erscheinungen im echten Bilde. Was würden wir für ein Originalphoto des Mahayogin von Nazareth geben, dafür, zu wissen, wie er wirklich ausgesehen hat!

ZWEI SCHAKTA'S

„Schiwa und Schakti, Geist und Kraft, sind die Korrelate der
Schöpfung. Wie ohne Wasser der Töpfer aus dem trocknen Lehm
nichts formen kann, so vermag Schiwa nichts ohne Schakti." (Ramakrischna.)

Einer der seltenen weltreisenden Inder — denn wer das Land
Bharata verläßt, verliert seine varna, seine Kastenzugehörigkeit
infolge der unvermeidlichen vielfachen Verunreinigung, welche die
Berührung mit Unkastigen und der Genuß ihrer Speisen mit sich
bringt — ein solcher Inder notierte um 1825 in seinem Reisejour-
nal: „In der Mitte von Europa, in Weimar, lebt ein berühmter
Schakta, den ich gesehen habe."

Von allen Mitteilungen, die wir über Goethe besitzen, ist diese
wohl die merkwürdigste, aber sie ist vollkommen zutreffend, wiewohl uns heute erst verständlich. Aus der Fülle ähnlicher Äuße-
rungen nur die vom 20. Februar 1831 gegen Eckermann:

„Die Nützlichkeitslehrer würden glauben, ihren Gott zu ver-
lieren, wenn sie nicht den anbeten sollten, der dem Ochsen die
Hörner gegeben hat, damit er sich verteidige. Mir aber möge man
erlauben, daß ich *den* verehre, der in dem Reichtum seiner Schöpfung so groß war, nach tausendfältigen Pflanzen noch eine zu
machen, worin alle übrigen enthalten, und nach tausendfältigen
Tieren ein Wesen, das sie alle enthält, den Menschen. — Man verehre ferner den, der dem Vieh sein Futter gibt und dem Menschen
Speise und Trank soviel er genießen mag; ich aber bete *den* an,
der eine solche Produktionskraft in die Welt gelegt hat, daß, wenn
auch nur der millionste Teil davon ins Leben tritt, die Welt von
Geschöpfen wimmelt, so daß Krieg, Pest, Wasser und Brand ihr
nichts anzuhaben vermögen. Das ist *mein* Gott!"

92

Ein andermal bat Eckermann um einigen Aufschluß. „Er aber in seiner gewöhnlichen Art hüllte sich in Geheimnisse, indem er mich mit großen Augen anblickte und mir die Worte wiederholte: ‚Die Mütter! Mütter! — ’s klingt so wunderlich! Ich kann Ihnen nichts weiter verraten, als daß ich beim Plutarch gefunden, daß im griechischen Altertume von Müttern als Gottheiten die Rede ist ... Sehen Sie zu, wie Sie zurechtkommen.‘“

War Goethe, der Universalist, in dem so vieles nebeneinander Platz hatte, auch ein Schakta? Er würde dem indischen Besucher wohl nicht widersprochen haben, vorausgesetzt freilich, daß dieser ihn mit dem Anblick von Kalis Bildnis verschont hätte! —

Ja, alle Gegensätze überkommend, steht Schakti sieghaft da, die Herrin der Welt, jenseits von Froh und Traurig, von Schön und Häßlich, von Gut und Böse. Vor diesem Bilde zerfließen Theismus und Atheismus in Eins. Aller Streit hört auf. Gottesfreund und Gottesfeind stehen hier beisammen. Und in der Tat, auch Friedrich Nietzsche war ein Schakta. Die Allkraft hat er gemeint, und sie Wille zur Macht genannt.

„Und wißt ihr auch, was mir ‚die Welt‘ ist? Soll ich sie euch in meinem Spiegel zeigen? Diese Welt: Ein Ungeheuer von Kraft, ohne Anfang, ohne Ende, eine feste eherne Größe von Kraft, welche nicht größer, nicht kleiner wird, die sich nicht verbraucht, sondern nur verwandelt, als Ganzes unveränderlich groß, ein Haushalt ohne Ausgaben und Einbußen, aber ebenso ohne Zuwachs, ohne Einnahmen, vom ‚Nichts‘ umschlossen als von seiner Grenze, nichts Verschwimmendes, Verschwendetes, nichts Unendlich-Ausgedehntes, sondern als bestimmte Kraft einem bestimmten Raum eingelegt, und nicht einem Raume, der irgendwo ‚leer‘ wäre, vielmehr als Kraft überall, als Spiel von Kräften und Kraftwellen zugleich Eins und Vieles ...“ (Wille zur Macht, viertes Buch.)

Ist Europa für den Schaktismus reif??

Doch zurück von Weimar nach Trichinopoli. Mitten über der Stadt steht der Burgfelsen, ein riesiger Monolith, den das Eis des Diluviums abgeschliffen stehen ließ. Mühsam ist der Aufstieg die dreihundert Stufen hinan zur Mittagszeit. Die Sonne steht jetzt

genau über unserm Scheitel, und wir nehmen unseren ganzen
Schatten auf jede Treppenstufe mit.

Weite Aussicht über Indiens südlichstes Land. Dort, zwischen
Wäldern in der Strominsel, liegt unser Wischnu-Tempel, golden
blitzt das Vimana herüber. Mit seinen hohen Gopurams wirkt er
wie ein Industriewerk mit Hochöfen. Zu Füßen glänzt das Dächer-
weiß der Stadt im Sonnenbrand. Darin ragt wieder eine Wischnu-
Pagode hoch, ein Schiwa-Tempel, dort leuchtende Moscheenkuppeln
und ein Jain-Heiligtum, und da piekt auch ein wohlgespitzter Blei-
stift in die Luft, die English Church. Ein Sammelsurium von
Religion — nur der Buddha fehlt.

TANDSCHUR

Nachmittags reisen wir im Wagen von Trichinopoli ab. Braches, trockenes Land, knallroter Laterit, darin graue Kakteen und magere Rinderherden. Die Hirten sehen nicht besser aus, von ferne kommen sie angelaufen, sobald sie das Auto sehen. Die Reise geht auf schnurgerader Chaussee im Schatten herrlicher Mangobaumriesen, wir lassen eine rote Staubwolke hinter uns.

Am Wege stehen granitene Tore, so alt, daß man ihre Bedeutung nicht mehr errät. Fern ein Hügel mit großen Ruinen. Weiteste Landeinöde, Sonnenbrand. Halt. Hirten in grauen Kitteln kommen angelaufen. So mag Krischna hier bei den schönen Hirtinnen gelebt haben, Gott Wischnu selbst in Gestalt jenes reizenden Knaben, als der er das letztemal zur Erde herabgekommen war, in seiner zehnten Inkarnation.

Diese mageren Rinder werden zu Ehren der Götter gehalten. Die Menschen genießen Milch und Butter und lassen sich beim Ackern helfen, das Fell der Kuh aber darf nicht zum Schuhwerk dienen, Indien läuft barfuß. An ein Verspeisen des heiligen Tieres ist nicht zu denken, aber sie verübeln es dem Scher, dem Tiger nicht, wenn er sich alle fünf Tage eins von der Weide wegholt.

Fern taucht die Pagode auf und bald sind wir in der alten Hochburg brahmanischer Gelehrsamkeit angekommen. Veda, Upanischaden-Philosophie, hier sind sie zu Hause. Tandschur ist eine der frühesten Stätten menschlicher Geisteskultur und hat alle Zeitenstürme überdauert.

Was es auch hier an Gesichtern gibt, sie alle scheinen nur dem *einen* Zweck zu dienen: Schiwas und Wischnus rotes Mal zu tragen. Zwei Zinken ziehen sich weiß von der Nasenwurzel zum Haar hinauf, dazwischen brennt in Karminfarbe ein Flämmchen. Die

Stirnbemalung (tilaka) wirkt immer von neuem grotesk, und die Physiognomien verschwinden fast dahinter. Sogar Rinder und Ziegen tragen das Mal und der Hund, der unseren Wagen anbellt, hat einen knallroten Anilinklex auf dem Fell. Auch wir selbst sehen nicht viel anders aus, Gesichter, Helme, Mäntel sind ganz rot gepudert vom Staub.

Die Stadt ist Knotenpunkt der South Indian Railway. Wir wohnen wieder auf dem Bahnhof, nehmen ein Bad und steigen hinunter zum Erfrischungsraum, durch die braune Menge hindurch. Hier hockt es nicht zu Hunderten, nein zu Tausenden herum und Wischnus weiße Stirngabel wendet sich tausendfach nach uns hin. Der Stationsmeister kommt grüßend heraus und fragt höflich nach unserem Begehr.

Auch Tandschur, die stille Gelehrtenstadt, besitzt eine berühmte Tempelanlage — leider! Wir sind aller Tempel schon so gründlich satt! Im Mauerwerk des Eingangs springt Schiwa im Weltentanz, mit vielen Armen und Beinen um sich schlagend.

Wir durchschreiten wieder den Gopuram. Ein leerer weiter Hof liegt um die große Pagode. Galerien führen herum, in regelmäßigen Abständen stehen wieder hundert Lingasteine entlang, braun bemalt, wie verrostete Eisenklötze an einem Hafenkai. Die Lingams glänzen von Opferbutter und duften nach den weißen Jasminkränzen, die fromme Frauenhände ihnen soeben umgelegt haben.

Auch auf uns kommt ein Brahmane mit weißen Kränzen zu und legt sie uns um den Hals — das geschieht in jedem Tempel gegen ein Geldgeschenk — und wir gehen wieder den ganzen Vormittag im schweren süßen Duft der Tschambeliblüten einher. Jasmin und Curry, ohne diesen Geruch ist Indien nicht zu denken.

Eben opfert eine kleine Gesellschaft von Frauen und Kindern im Hof vor den Lingams. Einfache Kaste. Nur am Klingen der silbernen Fußringe hört man ihren Schritt. Schnell umgewendet und geknipst, bevor sie die Kamera bemerken und fortlaufen, denn fotografieren lassen sich Orientalen nicht gern. Sie fürchten den schwarzen Zauberkasten, denn wer das Bild eines Menschen besitzt, denken sie, hat magische Macht über ihn.

Meist bitten die Frauen den Stein um Sohnesgeburt. Ohne Sohn ist das Leben des Mannes freudlos und leer, sein Tod wird traurig, und im Jenseits hungert er nach der Opfernahrung. Das Los der Gattin aber, die ihm keinen gebiert, ist schon auf Erden beklagenswert!

Es ist still und sonnig im Hof, und nur zwei brahmanische Männer begleiten uns. Vor der Pagode steht ein hoher Säulenpavillon, darin liegt Nandin, Schiwas heiliger Stier, wie er im Stall behaglich wiederkäut. Ein dunkler Steinkoloß. Nandin heißt Ergötzen. Eigentlich ist er des Gottes personifizierte Lust. Als Schiwa mit seiner Gattin Durga in ungeheurer Wollust das Weltall zeugte, hat er nur einen Bruchteil davon seinen Geschöpfen mitgeteilt, und darum verehren sie ihn alle im Liebesgenuß.

Die Freude, grob oder fein, ist ein wesentlicher Bestandteil der indischen Philosophie, in jedem ihrer Systeme ist ihr ein Ehrensessel aufgestellt. Denn drei Dinge, in rechter Mischung, sind der Inhalt des Erdenlebens: Artha, das Tätigkeitsziel; Dharma, das Ewigkeitsziel; Kama, der Sinnengenuß. Solange dem Menschenleben eines von den dreien fehlt, ist es nicht im Lot. Darüber steht als Höchstes Moksha, das Befreiungsziel — die Erlösung vom Wiedertode.

DAS PARIA-DORF

Doch jetzt kommen wir zu den Freudlosen — draußen vor der Stadt liegt ein Paria-Dorf. Wir treffen es gut, daß unser Begleiter ein Halbblut ist und getaufter Christ, denn kein Hindu würde uns den Weg zeigen.

Chaussee, Felder, Baumriesen. Dunkle Tauben fliegen kurz vorm Kühler auf. Dann Halt. Hier führt ein Landweg querfeldein, der Wagen wartet.

Ein kleines Mal von Lehm bezeichnet jetzt die Grenze der Tschandala, der Unberührbaren. Ein Betonklotz, ein Wasserhahn tropft, das ist ihr Brunnen. Aus keinem öffentlichen Wasser, keinem Bach, keinem Fluß dürfen sie schöpfen. Mit furchtbarer Konsequenz hat sie das eherne Gesetz von allem Leben abgesperrt.

Wie wir sichtbar werden, kommt's aus allen Hütten heraus, den seltenen Besuch zu bestaunen.

Was aus unerlaubter Kastenvermischung entsteht, das gelangt unweigerlich ins Paria-Dorf, so hat es Manu, der große Menschenzüchter vor Jahrtausenden befohlen. Von allen Verworfenen am verworfensten aber ist ein Wesen, das im Ehebruch der Brahmanenmutter vom Schudravater gezeugt wurde. Hier dieses hübsche Mädchen ist vielleicht ein solches Wesen.

Es gibt Paria-Land, das an der Straße liegt. Aber wehe dem Unreinen, der sich vom Reinen sehen ließe! Noch unreinere Geburt, Hunde- oder Katzenschoß wäre sein künftiges Schicksal! Will er die Straße kreuzen, dann ruft er laut von weitem, damit die Leute stehenbleiben. Oder hat er in der Nähe Feldarbeit, dann legt er ein Blatt auf die Straßenmitte hin und beschwert es mit einem Stein, zum Zeichen seiner verunreinigenden Gegenwart. Der Brahmane, der des Weges kommt, wird dann in die Hände klatschen und ihn so vertreiben ... Keine Schule haben sie, keinen Tempel, die Gesellschaft läßt sie systematisch verwahrlosen.

Ich halte zwei Rupienstücke hoch und es beginnt ein Spektakel. Wie sollte die Summe verteilt werden? Wer könnte sie wechseln? Unser Begleiter verhandelt mit der Menge, und schließlich tritt die Dorfälteste vor, eine magere, schwarze, weißhaarige Alte, sie hält ihre Schürze weit geöffnet hin — die Handberührung mutet sie mir nicht zu — und ich werfe ihr die klingenden Silberstücke hinein. Das lärmt noch aufgeregt, als wir schon zum Dorf hinaus sind. Bis zum Brunnen kommen sie uns nach.

Soll man es glauben, daß sogar hier noch der Kastengeist herrscht? Unter diesen „Unberührbaren" fühlen sich die Ded's reiner als die anderen Ausgestoßenen, welche für sie wiederum unberührbar sind ... „Pathos der Distanz" — noch hier im Paria-Dorf! Der Kasten-Spaltpilz, morbus indicus, scheint unheilbar zu sein und ansteckend dazu.

„Nicht durch Geburt ist man rein oder unrein — durch Taten ist man rein oder unrein!" So rief vor zweieinhalb Jahrtausenden der Sohn aus dem Fürstengeschlecht aus, der Buddha — aber in Indien war kein Raum für solche Lehre. Und wäre Jesus hier geboren, er hätte sich dieser Wesen besonders angenommen, sie „vom Gesetz erlöst". In den Höhlen des Tales Josaphat mag die Luft ähnlich gewesen sein.

IN DER BRAHMANEN-STADT

Heute nachmittag ist es noch stiller im Tempelhof von Tandschur, und ich erlebe eine Entdeckerfreude. In irgendeiner Ecke,
wie fortgestellt, finde ich ein herrliches Bildwerk von grauem
Granit: Schiwa in der Meditation, auf dem Lotus sitzend, auf-
rechten Rückens mit verschränkten Beinen. Zwischen den betenden
Handflächen preßt er einen Fladen — ist es heiliger Kuhdung?
Über seinem Gesicht liegt der Ernst des Asketen gebreitet. Denn
Schiwa ist auch der große Asket. Prajna, Höchste Erkenntnis! Mit
dem Weisheitsauge in der Stirn überblickt er seine Welten — die
Einheit in der Vielheit.

Im Schatten der Galerie liegt ein steinernes Nandinkälbchen.
Das weiche Rotsandsteinmäulchen so zart, als ob es lebte! Ich
taste es mit den Händen ab. Das habe ich eben schon mit dem
granitenen Ischwara getan. Solche Skulpturen wollen mit dem
Auge gefühlt, mit der Hand gesehen werden.

Wir fahren kreuz und quer durch die rote Stadt. Staub,
ruinenhafte Backsteinhäuser, rosarot oder rostrot getüncht. Offene
Bogenfenster und Galerien — kein Baum, kein Garten, kein Gast-
hof ist zu sehen, überhaupt nichts von Öffentlichkeit. Man lebt in
der Abgeschiedenheit im Hause dahin, zeitlos durch das Kalpa, das
Weltalter hindurch, Millionen Jahre schon, von Geburt zu Geburt
wandernd, einzig und allein besorgt, nicht durch unnötiges, noch so
geringfügiges Handeln Gefahr zu laufen, in Leiden und niedere
Geburt zu verfallen. Was kümmern da die Dinge draußen! Nie
lebte irgendwer in der Vergangenheit, nie irgendwer in der Zukunft. Allein in der Gegenwart findet Leben statt, und die ist
immer da. Darum hatte Indien bisher keine Entwicklung, ja kaum
eine Geschichte. Darum blieb alles beim alten.

Acht Millionen Tierleiber hat nach indischer Auffassung ein Wesen schon abgelegt, bevor es zum erstenmal als Mensch, und zwar als Schudra zur Welt kommt... Und es ist ein Glück, in Indien zur Welt zu kommen und nicht bei den Mlecchas, den unwissenden Barbaren.

Hellhäutige, weißgekleidete Brahmanen gehen gemessenen Schrittes barfuß durch den roten Straßenstaub. Die Gesichter sind hier strenger und selbstbewußter, und mancher unfreundliche Blick trifft uns. Schon der pferdelose Wagen mag ihnen nicht gefallen, seine Eile, die Staubwolke; und noch viel weniger die weißen Pilzhüte, die darin sitzen, Mlecchas, das sind Nichthindus und kastenmäßig ganz unregistrierbare Leute. Wie unwürdig, denen ausweichen zu müssen!

Ich lasse auch langsamer fahren, teils aus Rücksicht, teils um mir die Hochkastigen etwas genauer anzusehen. Dort die beiden Jungens mokieren sich offensichtlich über uns. Eine schönscheitelige Frau tritt aus der Haustür, weißes Leinen umspannt die schlanke Gestalt und läßt nur die glänzende rechte Schulter sehen, von der ein schlanker Arm herabhängt bis zu den schweren, weiten Silberringen über dem schmalen Handrücken. Blick aus drei Augen, den schwarzen Stirnpunkt mitgerechnet.

Ein junges Hindufrauenantlitz ist von erotisch-metaphysischem Zauber. Der Scheitelstrich steht hell im schwarzen Glanzhaar, darunter öffnet sich das braune Stirndreieck mit dem geheimnisvollen schwarzen Punkt (der einen immer mit anblickt) und der dunkle Glanzblick aus Emailleaugen trifft unwiderstehlich.

Zu den hundert Weisheiten des Brahmanentums gehört auch die Weisheit der Küche, das Maßhalten beim Mahl. Ist es schon nicht gleichgültig, w e r die Speisen bereitet, so ist das Was und Wieviel entscheidend für Wohlbefinden und Geistesklarheit. Die Männer essen allein, die Frauen bedienen. Kein Fleisch. Nicht mehr, als zur leichten Sättigung, zur Erhaltung des Körpers notwendig ist. Nur einmal, höchstens zweimal am Tage. Indien hat eine Religion der Küche. Die Speisen sind für unsere Zunge eigentümlich geschmacklos oder bis zur Unkenntlichkeit gewürzt.

Daneben aber gibt es ein Rezeptbuch der Liebeskunst, eine erotische Grammatik, den — versteht sich heiligen — Kamasutra, wörtlich: Leitfaden der Liebe. Vatsyayana hat das umfangreiche Werk im achten Jahrhundert „in höchster Andacht und Enthaltsamkeit" verfaßt, und wir können hinzufügen, mit starker Pedanterie. Nandin, Schiwas stiergestaltiger Diener, hatte am Türpfosten des himmlischen Schlafzimmers von Madura stehend, das weitschweifige Buch dem Hohen Paar vorzulesen, während es sich ein Götterjahrtausend lang im Liebesspiel vergnügte. —

Was sie treiben, die Brahmanen von Tandschur? Ich weiß es nicht. Ihr Tag ist Religion. Allmorgendlich nach dem Flußbade verweilen sie, an Leib und Seele rein, in Gebet und Rezitation vor den häuslichen Opfersteinen, ihren Laren, deren fünf in jedem Hause auf ihren Dienst warten: Schiwa, Wischnu, Durga, Surya und Ganescha, der Elefantenköpfige. In höchster Andacht wird die Gayatri gesprochen, das Gebet an Savitar, den Sonnengott, die heiligste Strophe Indiens, welche mit dem Großen Laut beginnt und der Anrufung der drei oberen Welten, Erde, Luftraum, Himmel:

> Oom bhur bhuvah svah
> tat savitur varenyam
> bhargo devasya dhimahi
> diyo yo nah pracodayat!
>
> (Rigveda 3, 62, 10)
>
> „Laßt an das liebenswerte Licht
> Des Sonnengottes denken uns;
> Er möge fördern unsern Geist!"

Keine Frau, kein Schudra durfte früher die hochheiligen Worte in dieser Verbindung aussprechen.

Die alltäglichste Handlung verlangt ein peinliches Zeremoniell, denn die Ordnung des Tageslaufs ist ja ein Abglanz von der Ordnung der Welt. Darüber hinaus ist des Hindu ganzes gottnahes Leben in vier heilige Epochen eingeordnet, in geistliche Wachstumsstadien, die vier Ashramas. Kindheit und Jünglingsalter sind dem Brahmacari, dem Reinheitswandel gewidmet: Er ist

Schüler und lernt den Veda auswendig samt den Mantras, den geheimnisvollen kräftebergenden Sprüchen, denn:

> „Wer aus dieser Welt dahinscheidet, ohne daß er die eigene Welt (die Welt des Atman) geschaut hat, dem hilft sie, da sie unerkannt geblieben, nicht, wie der Veda, wenn er nicht studiert, oder ein Werk, wenn es nicht getan wird."

(Brihadaranyaka-Upanischad)

Als Hausvater, Grihastha, gründet er eine Familie. Dann, „wenn er des Sohnes Sohn sieht", verläßt er das Haus, um als Einsiedler, Vanaprastha, in Wald oder Bergeshöhle die Gottheit zu finden — den Atman im Herzen ...

Als Sannyassin endlich geht er völlig gelöst den höchsten Gang, den Gang in die Heimatlosigkeit. Bettelnd durchzieht er Dörfer und Städte, sein Gewand sind die vier Himmelsrichtungen, der Erdboden sein Lager, sein Besitz die Almosenschale und eine Leinentüte zum Filtern des Trinkwassers — auf daß kein Lebendes durch ihn zu Schaden komme. So, als Jivanmukta, als ein Bei-Lebzeiten-Erlöster, genießt er göttliche Ehren schon hier und geht ohne Todeskampf ins Brahman ein.

„Wer ohne Verlangen, frei von Verlangen, gestillten Verlangens, selbst sein Verlangen ist, dessen Lebensgeister ziehen nicht aus; sondern Brahman ist er und in Brahman geht er auf."

Wir betreten die uralte Bibliothek von Tandschur. Panditas, Schriftgelehrte, sitzen an kleinen Tischen, silberne Brillen auf dunklen Nasen, über Handschriften von Palmblättern gebeugt oder über Reispapierstreifen, die in Devanagarischrift beschrieben sind. Die Silben hängen aufgereiht wie am Faden, nur die Konsonanten werden geschrieben, und das Ganze ist vom Vokal a sozusagen untermalt. Daher das viele a in der Sanskritsprache.

Jemand kommt auf leisen Sohlen, trägt bunte Tuchpakete und knüpft sie schweigend auf. Es sind kunstvolle alte Handschriften, darunter ein vierhundertjähriger Rigvedatext, farbig illustriert. Bildschöne Satzspiegel auf holländisch Bütten, alles im Querstreifenformat. Schweigende Verbeugung, Tip in eine braune Hand, ich sage „Good bye". Sonst wurde kein Wort gesprochen.

Wir fahren wieder durch die Stadt zurück, es ist Abend geworden, der so kurze, nur Minuten dauernde Tropenabend. Stop, eine helle Zebukuh liegt im roten Straßenstaub, ruhevoll wiederkäuend. Die Augen blinzeln — diese Fliegen, sie sind ihr letzter Karmarest! Wir fahren höflich um sie herum. Dort steht wieder eine, sie spreizt gerade die Hinterbeine, und schnell springen vorübergehende Frauen herzu, bücken sich und halten die Hände unter den heiligen Warmwasserspender; ja sie fahren sich mit den nassen Händen übers Gesicht! Alles was von der Kuh kommt, reinigt, sogar ihr Urin und Dung sind Arznei und werden innerlich genommen.

Wir halten noch vor der Missionskirche des deutschen Pastors Schwartz. Die Kirchendienerin öffnet — Paria woman, sagt unser Begleiter. Dies ist das häßlichste Gesicht, das ich je sah. Ein kleiner schwarzer Dämon. Eingeschlepptes Kaffernblut aus den Zeiten der holländischen Kolonisation. Aber christian people. Sie alle sind Parias hier, die ganze Gemeinde. Durch Christus „vom Gesetz Erlöste“. Aber schön sind sie nicht.

Die Spitze der großen Pagode verglüht in den letzten Strahlen des Tages.

MAHAVELLIPURAM

Nach heißer Nachtfahrt erreichen wir Madras. Europäischer Großstadtbahnhof, die Autos parken auf dem Bahnsteig. In der ausgedehnten Europäerstadt sind die Hotels besetzt. So wohnen wir im indischen Gasthaus für viel Geld und recht einfach, das heißt ohne springbeds, so daß man zerschlagen erwacht und wie masernkrank von Moskitostichen.

Ohne uns aufzuhalten, reisen wir im Wagen hinaus an die Küste nach Mahavellipuram zu den Sieben Pagoden.

Graues oder rotes Land. Kleine Stadt Chingleput. Die Leute auf der Landstraße bleiben stehen, beturbante Männer und weißgewandete Frauen sehen uns mit dunklen Gesichtern nach. Die Sonne brennt unerbittlich, doch wir entgehen ihrer Tyrannei im erfrischenden Fahrwind, der auch den weißen Hut durchzieht. Einöden, grauer Feigenkaktus, Staub. Es ist das Gebiet des „Scher", des Tigers. Wir werden ihn nicht zu sehen bekommen, den gestreiften König der Nacht, denn er verläßt erst nach Sonnenuntergang seinen Wald. Kein Wesen wird dann auf der Landstraße sein.

Einzelne dunkle Baumriesen, dann erscheinen graue Palmenhaine und dunkle Monolithfelsen im Mittagsdunst. Gelbes Brackwasser, die Gegend hier ist wie am Nil.

Ein nackter Riese springt aufs Trittbrett und reicht stumm eine schmutzige Papierrolle in den Wagen, in der irgend etwas in Englisch geschrieben steht. Das soll sein certificate sein. Indien ist ohne solche Zeugnisse nicht zu denken. Wer es auf Fremde abgesehen hat, besitzt so einen Wisch, den er einem andern abgekauft hat und den er selbst nicht lesen kann. Ich frage ihn spaßeshalber: Do you speak English? — Yes, Sir! — aber das ist auch sein einziges Wort. Wir haben Mühe, den baumlangen Kerl wieder loszuwerden; schließlich springt er mit einer zackigen Nickelanna in der Hand ab. (Die Regierung prägt nämlich das Kleingeld höchst praktisch mit verschiedenen Rändern, gezackt, geschwungen, rund, geviereckt, gelocht. So kann es auch der einfachste Kopf zählen.)

Halt. Jetzt, ohne den Fahrwind, brennen die Gesichter, es ist ganz wütend heiß. Auf kleinem Floß setzen wir über das Brackwasser. Welche Lust ich verspüre, hinüberzuschwimmen! Aber „Magar!! Crocodiles!!", ruft mir jemand zu, und so muß ich wohl darauf verzichten.

Wir sind nun drüben. Graue Palmen stehen trocken im brennenden Dünensand, und da grüßen auch schon dunkle Baumonumente. Sechs Tempelkioske, jeder aus einem einzigen Stein. Das Ganze kommt mir vor wie ein verlassener Ausstellungsgarten mit Pavillons in Felsschnitzerei.

Nicht ein Baumeister, nein, ein Bildhauer war hier am Werk. Jedes dieser Häuser ist ganz und gar aus dem grauen quarzdurchsetzten Granitgrund herausgeschlagen. Erdbebensicher. Die höchste Pagode ist nicht höher als zehn Meter, die kleinen sind nicht größer als Zeitungsstände. Dazwischen stehen Tierkolosse: Ein Elefant, eine Kuh, ein Löwe. Ich staune über den transzendenten Ausdruck dieser südlichen Gotik.

Mahavellipuram, die „Stätte des Großen Opfers" — zu Merowingerzeiten hatte ein frommer Tamilenfürst dieses Werk begonnen, aber nicht vollendet. Der Schleier des Unfertigen liegt über den Ruinen, sie haben reines Od. Eine unvollendete Symphonie in Granit.

Nebenan rauscht die Brandung der Koromandelküste, tiefe Einsamkeit, kein Lüftchen regt sich. Mahavellipuram wurde erst kürzlich aus dem Dünensande gegraben, tausend Jahre lang lag es zugeweht. Die Küste senkt sich, und einst wird die See all die Herrlichkeiten zu sich herabgezogen haben. Drei Tempel hat sie schon verschlungen. Nun stehen sie da unten im Wasserelement — diesem Aquamarinblau des Indischen Ozeans — und buntleuchtende Fische durchziehen Nischen und Vimanas.

Wir aber betreten jetzt, was noch im Luftigen steht. Ja, diese Granitwände *leben.* Von welch genialem Meißel sind ihre Reliefs? Hitze und Ermüdung sind vergessen. Es sind Darstellungen aus Wischnus erlebnisreichen Inkarnationen, sie zeigen den Gott als Eber, dann als Löwenreiter, wie er den Büffeldämon verjagt. Auf der Gegenwand in menschlicher Inkarnation als Rama, wie er als neugeborenes Kind auf mächtigen Beinen mit drei Schritten das Weltall durchmißt — Dinge, so grotesk, daß sie künstlerisch gar nicht zu bewältigen erscheinen. Und doch, wie ist es gelungen! Zwar mit der bekannten indischen Gleichgültigkeit gegen alle Anatomie und genug mit Häßlichkeit durchsetzt, aber doch von einem spirituellen Gehalt, wie man ihn nur auf Greco's Leinewänden wiederfinden mag.

Ich taste die Formen mit beiden Händen ab, kann mich nicht sattfühlen daran. Jede Gestalt ist ein Erlebnis. Da liegt Wischnu behaglich auf der Weltenschlange und schläft. Er träumt die Maha-Maya ab, die große Weltenillusion — wir selbst sind Wischnu und träumen mit ihm. Zu seinen Füßen kniet eine Beterin. Bhakti, die brennende Gottesliebe — welche Überredung in Stein! Ich könnte mir einen Atheisten vorstellen, der vor dieser Wand in Verwirrung geriete. Dieser Stein überredet zum persönlichen Gott. Theismus und Atheismus fließen ja hier ineinander über.

Sen Mut und Chefren, an euch muß ich denken. Auch euch habe ich ungestört abtasten können im stillen Museum von Kairo. Dies hier sind eure Geschwister im heiligen Indien. Ihr seid schöner, künstlerisch reiner. Hier aber ist Bewegung und Ruhe, Erzählung und Philosophie, Gottschau und höchste Erkenntnis in Stein. Es lebt der ganze Indergeist in diesen Wänden.

Wir frühstücken auf den Stufen eines Tempelchens. Ich hebe ein Granitstück vom Boden auf und gebe es dem Tamilen zur Aufbewahrung, der uns schon die ganze Zeit als stummer Diener gefolgt ist und die Bierflaschen trägt. (Bier ist gut bei der Hitze, es erfrischt und nährt zugleich und ersetzt die beschwerliche feste Speise.) Der Mann ist von amüsanter Devotion, ein Schudra, gehorsam und ungeschickt.

Wir sitzen auf den Treppenstufen eines Tempelchens rechts vor dem großen Elefanten. Die Rauheit des Unfertigen überzieht wie ein lichter Gazeschleier die riesige Skulptur. Die Löcher für die Stoßzähne sind noch leer, die Beine sind noch Säulen, unterm Bauch steht noch der Fels.

Dort lagert Kamadhenu, Wischnus himmlische Wunschkuh, die alles gewährt, von Milch und Butter bis zu schönen Frauen, Orden und Aktienmajoritäten. Auch sie ist verhüllt vom Schleier des Unfertigen. Wer mag dem Künstler den Meißel aus der Hand genommen haben? Der Tod des Fürsten? Ein Krieg?

Herzmüde wie fast immer auf dieser Reise, erklimmen wir den hohen Gletscherfelsen. Es trieft unterm Tropenhut hervor. Verdoppelte Augustsonne im Januar!

Hier ist eine Säulengalerie in den Fels gehauen und in der Tiefe ein dunkles Zimmer. Dessen Wände sind die lebensvollsten, die tastenden Hände kommen gar nicht los davon. Die Höhe des Felsenmonoliths krönt ein kunstfertiges Tempelkästchen, Filigran in Granit.

Wirklich, dies ist die reizendste Ruinenstätte der Welt! Nein, Ruinen sind es nicht, sondern Neubauten, und kein greller Farbenanstrich hat sie je verunziert. Wir sitzen auf der Höhe auf den Stufen des Kästchens und genießen einen schwachen Windzug von der See her. Drüben stehen zwei Felsentürme fast lotrecht, natürlich sind es Schiwa-Lingams — wie wäre es anders möglich — und sie erklären die Heiligkeit des Orts.

Das nächste Opfer des Meerwassers wird der Seetempel sein. Schon bespült es die Ostumfassung und zu Flutzeiten spritzt die Brandung in die Cella hinein. Dieser wunderschöne Seetempel! Steinerne Stierkälber ruhen sonnenwarm rings auf der Umfassungsmauer, Trümmer liegen umher, dahinter steht scharf der Horizont der dunklen See. Südliches Licht, tiefe Einsamkeit und Meeresrauschen. Die Stierchen blicken alle gewendeten Kopfes zu uns herüber — wer beschreibt den Zauber dieser Verlassenheiten?

Über Trümmerstücke gelange ich ins dunkle Vimana, das Allerheiligste, eng wie eine Kerkerzelle. Da steht schwarz Schiwas heiliges Lingam, ein mächtiger basaltener Opferstein, halb zer-

108

schlagen. Nach der See zu ist der Raum offen, im Türausschnitt schaukeln zwei Fischerboote mit Auslegern durch die Brandung, im Wellengang immer wieder verschwindend und auftauchend. Ich werde eine Beethovensche Melodie nicht los, das Andante aus der As-dur-Sonate: wie die Melodie langsam im Baß versinkt und schließlich von ihm überspült wird. Hier möchte ich ganze Tage verbringen. Und eine Mondnacht mit fernem Tigergebrüll.

Noch ein Felsen ist weiter im Lande zu sehen, ein vielbewunderter mit Asketen und Schlangen und der ganzen Schiwa-Mythologie, aber Manas — das Auffassungsorgan — ist für heute gesättigt.

So tiefverwandt wir uns auch mit den brahmanischen Philosophen fühlen — zur Mythologie des Volkes haben wir keinen Zugang. Hier geht uns alles gegen den Geschmack. Zumal der elefantenköpfige Ganescha muß uns wie eine Satire auf alle religiösen Vorstellungen anmuten. Wie kam das „Erlauchte Kind" nur zu dem schrecklichen Tierkopf? Als seine göttliche Mutter Parwati ihr Neugeborenes glückstrahlend vorstellte, da verbrannte ihm der Sonnengott fahrlässig den Kopf zu Asche. Nun mußte das erste junge Lebewesen, das ihnen begegnete, mit seinem Kopfe herhalten — und das war leider ein Elefantenkind! —

Rückfahrt. Die Abendsonne beleuchtet einzelne Baumriesen im Scheinwerferlicht. Autopanne in einem Dorf. Kinder kommen angelaufen, es sind stille indische Kinder mit den großen sprechenden Augen — Indien ist das Land der schönen Kinder. Dort drüben steht eine Bude, und ich kaufe die Reste aus dem Bonbonglas. So etwas ereignet sich in jedem Kalpa, in jedem Weltzeitalter nur einmal!! Groß ist die Freude, sie kratzen mir mit ihren braunen Händchen glückstrahlend das bunte Zeug aus der Hand. Noch am Abend spüre ich die kleinen Krallen.

Vor dem Souper erfrischt ein mittelalterliches Bad im Holzbottich; mit großem Becher spülen wir uns ab. Und sitzen jetzt mit curry-brennenden Hälsen vorm Ventilator und schreiben emsig Tagebuch. Das harte indische Matratzenlager wartet. Die Reise beginnt sehr anstrengend zu werden. —

Erwachen mit geschwollenen Augenlidern von Moskitostichen. Zähneputzen mit Ingwerlimonade, rohes Wasser wäre Selbstmord. Heute ist ein Ruhetag.

Am Strande steht ein kleines Aquarium, Brahmans Phantasien in Fisch. Leuchtendes Kobaltblau schwimmt in der Form eines Tagfalterflügels hinter dem Glas. Ein anderer Fisch hat große Kletterstacheln für Ausflüge an Land. Im Spiele, heißt es, hat Brahman die Welt gemacht und wie ein Kind wird er den Bau wieder einwerfen, wenn er genug hat. „Lilaiva kevalam! Ein Spiel ist nur das Ganze!"

Fort St. George ist die Zitadelle von Madras. Von hier aus hat Mr. Clive, der Clerk von der East Indian Co., mit ein paar hundert Soldaten den halben Kontinent aufgerollt, bis zum Ganges hinauf an die Grenzen des Mogulreiches. Dabei war ihm ein wesentlicher Teil seiner Armee von den englischen Zuchthäusern geliefert worden! Ich finde das erstaunlicher als den Alexanderzug.

Madras hat schöne Bronzen. Schakti zertanzt die Welt im Tandavatanz — sie hüpft auf einem kleinen Menschenkadaver herum und schlägt mit vielen Armen und Beinen um sich wie zum Takt. Ein Feuerkranz umzüngelt die rasende Vernichterin. Spricht doch auch die Edda von einem ungeheuren Weltenbrand, in dem einst alles zugrunde gehen wird.

Hanuman, der „Affenköpfige", eilt dem Rama zu Hilfe, in den Augen Mut und Weisheit.

Aus Langerweile machten wir Einkäufe bei Dadai Khan, einem Kaufmann aus Hauffs Märchen. Schwarzer Backenbart unter golddurchwirktem Turban. Nach langem Handeln wird das Geschäft, ein Posten golddurchwirkter Deckchen, abgeschlossen. Dadai Khan verneigt sich und lächelt. Am Lächeln und Gruß eines asiatischen Händlers ist dessen Gewinn ziemlich deutlich abzulesen. Man erkennt daran (und zu spät) wie man übervorteilt wurde. Herzliches Lächeln, glänzende Augen und ein tiefer Diener: sehr schlecht. Verbindliches Lächeln und Verbeugung: normal übervorteilt. Unbewegte Mundwinkel und leises Kopfnicken: ist in Ordnung.

IM BENGALISCHEN GOLF

23. Januar. Um 3 Uhr nachmittags gehen wir an Bord des P. & O. Steamers. Farbige Matrosen mit blauem Käppi und roter Bauchbinde lärmen an Deck, während hungrige Raubvögel das Schiff umkreisen. Abends 6 Uhr sail bei stiller See. Vollmond und südlich klare Luft, wir sind die halbe Nacht oben. Der Mond steigt in den Zenith, der Wind singt Chöre im Tauwerk.

24. Januar. Auf See. Fliegende Fische. Es springt aus dem Dunkelblau herauf, entfaltet silberne Tragflächen und schwebt lange im Gleitflug über den kleinen Wellen. Dann, plumps, ist es weg. Ein Wasserflugzeug mit Kabine und Tragflächen und U-Boot dazu. Wie geht der Natur doch alles so spielend von der Hand, und wie mühsam keucht die Technik hinterher! Der Zweck ist wohl: Flucht vor Verfolgern ins Luftelement.

25. Januar. Auf dem Schiff ist es unbehaglich. Keine Stühle an Deck, kein Gruß, kein frohes Gesicht. Auch das Essen ist mäßig und Mrs. Langeweile präsidiert bei Tafel. Die Seeleute aber fühlen sich wie grundbuchamtlich eingetragene Eigentümer dieser Meere.

6 Uhr abends erste Dämmerung, im Osten steigt der Vollmond als roter Lampion aus dem Wasser herauf. Niegesehenes Farbenschauspiel — wir sind im Golf von Bengalen, und wirklich, dies ist bengalisches Licht.

Nyanatiloka und seine Mönche begehen heute Uposatha, die Vollmondfeier mit Wachen, Gesprächen über die Lehre und Meditation.

26. Januar früh. Wir schwimmen in einer Erbsensuppe in halber Fahrt. Es ist das gelbe Wasser der Gangesmündung, und dieser Arm des Deltas ist der Hugli. Halb zwölf werden die gefährlichen Sandbänke passiert. Das Schiff läuft langsam im Zickzack, es

wird andauernd gelotet, und schon seit Stunden ruft der Matrose
die Lotzahlen aus, fifteen, sixteen, fifteen ...

Um 2 Uhr sind Ufer rechts und links. Plötzlich dreht das Schiff
bei, Maschine stop, der Riese steht quer im Strom und treibt, die
Ufer laufen zurück ... Beinahe wären wir festgefahren! Dies ist
das böseste Mündungswasser der Welt und seine Lotsenschaft die
höchstbezahlte. Die Anker rasseln in die Tiefe, und wenn sie
wieder heraufkommen, sind die Ketten ganz in gelben Ganges-
schlamm eingepackt. Endlich erscheinen die Vorstädte von Kalkutta, aber wir sind noch lange nicht da. 6 Uhr und blutroter
Sonnenuntergang. Rotbeturbante bärtige Riesen kommen an Bord
und schultern das Gepäck.

Seetempel von Mahavellipuram

Eine von den „Sieben Pagoden"

Dorf in Bengalen

KALKUTTA

Unsere sechs Rübezahle — für jeden Handkoffer einer — winken ein Auto herbei. Am Steuer sitzt ein vermummter Wüstenscheich mit wallendem Prophetenbart — ein Bild wie aus einer lustigen Kinderzeitung. Die Chauffeure von Kalkutta sind Jat, das heißt, sie bilden eine Kaste für sich. Wie uniformiert tragen sie alle den gleichen Rauschebart.

Wie das Kastenwesen heute blüht, das beweisen unter anderem die Maschinensetzer in den großen Zeitungsbetrieben. Es gibt nämlich zwei Systeme von Setzmaschinen, Monotype und Linotype, und gleich sind auch zwei neue Arbeiterkasten entstanden, deren jede nur unter sich heiratet.

Wir wohnen wieder im indischen Hotel, auf der Chowringhee-Street gleich vor den Flächen des Maidans, eines weiten Wiesengeländes, welches die weiße und die farbige Stadt voneinander trennt. Das Riesenzimmer ist bunt gekachelt — nein, es sind Porzellanscherben zu hübschen Mustern in den Zement gesetzt. Eine Karawane von sechs neuen Gepäckträgern zieht mit uns ein, und sechs Hände strecken sich wieder zum Tip aus. Eine davon bekommt ein Silberstück hinein und zieht damit magnetisch alle die Turbanköpfe zu sich herunter. Die gucken nach wieviel es ist — des Grußes wegen, der genau danach bemessen sein wird. Dann heben sich sechs Hände zur Stirn, und auf leisen Sohlen zieht die Karawane ab.

Nach sorgfältiger Prüfung werden die Moskitonetze für gut befunden, dennoch begibt man sich nur mißtrauisch in den Gazekäfig hinein. Da summt auch schon Nummer eins, erst wie ein ferner Flieger, bald aber hell wie eine Stimmgabel, genau vor der Ohrmuschel sss.. sssssssss... Also aufgestanden, Licht gemacht und den Mörder der Nachtruhe verfolgt — wenn er nur zu erblicken wäre! Das Tier ist nicht viel größer als ein Sandkorn, es kann einen aber zur Verzweiflung bringen wie ein Sandkorn unterm Augenlid. Endlich ist Ruhe unterm Netz, aber da liegt man nun deckenlos, nachthemdlos, luftbekleidet wie die Yogis auf der Straße, und wäre bereit, jeden kühlen Atemzug in bar zu bezahlen. Schließlich ist man zu halberquickendem Morgenschlaf eingedämmert. Da pocht es an der Tür. Man ignoriert es, stellt sich schlafend. Nützt nichts. Die Tür wird gerüttelt. Man ruft. Nützt nichts. Ein Telegramm? Nein, das Chota hazri, das Sonnenaufgangsfrühstück Punkt sechs! Schwarzer Tee mit blassen Albert-Cakes — ich wüßte nichts, was mir den Morgen besser verderben könnte. Für den nächsten Tag verbittet man sich das Chota hazri. Nützt nichts, es rasselt wieder. Erst die übernächste Nacht ist man gewitzigt und schließt das Zimmer nicht mehr ab.

Kalkutta ist Asiens Hauptstadt, anderthalb Millionen leben hier, eine Farbenskala von der Braunkohle bis zum Elfenbein. Wie und wovon das existiert ist ein Rätsel. Die Straßen der Blacktown sind ungepflegt, alle Fenster sind gegen das Sonnenlicht verschlossen. In überfüllten Straßenbahnen sitzt Gewand an Gewand, Kaste an Kaste gedrückt. Auch der Großstadtverkehr durchbricht die Geburtenschranken. Gemütlich spazieren Ziegen durch den Verkehr, die Tiere der Stadtgöttin Kali, und bucklige Zebukühe kehren von Gemüseladen zu Gemüseladen ein. Sie werden nirgends abgewiesen, doch sind viele Läden so praktisch eng gebaut, daß nur menschliche Kunden hinein können. Hat doch sogar Gandhis moderner Katechismus der Kuh ihre Heiligkeit verbürgt. Sie ist dem indischen Volke der Inbegriff der mütterlichen Güte, die immer gibt und nie verlangt — ein liebenswertes Symbol. Da liegt eine helle weitgehörnte mitten auf dem Fahrdamm. Der zweistöckige vollbesetzte Bus kommt angerollt, stop, er fährt rücksichtsvoll um die Wiederkäuende herum.

Eine vielkuppelige Moschee leuchtet rosa im Mittagslicht. Nackte, aschengrau gepuderte Büßer kreuzen die belebte Straße, sie tragen Gangeswasser in Metallkrügen am Henkel. Basare warten auf Käufer, halten Tiger- und Leopardenfelle feil und hauchdünne

Seidentücher, die zu Dutzenden gepreßt und dann wieder auseinandergezogen werden wie Seidenpapier. Sie bewahren die Körperwärme wie der beste Pelz. Hier, mitten auf dem Bürgersteig, liegt ein Schläfer im Schatten. Es war ihm wohl die Lust angekommen zu schlafen. Er hatte also keine Veranlassung gehabt weiterzugehen und hat sich hingelegt, wo er stand. Andere hocken herum, die hierzulande so beliebte graue Rodelmütze tief über den Kopf gezogen, und gucken aus dem Schlitz heraus. Der Sommer von Kalkutta verbraucht mehr Rodelmützen als der Winter von Schreiberhau. Übrigens sieht es aus diesen Rodelschlitzen mit recht unfreundlichen Blicken nach uns hin.

Wir überqueren jetzt den Hugli über die Howrahbrücke. Drüben in der Vorstadt lebt ärmstes Volk. Schimpfworte sind zu hören, und sogar Steine fliegen gegen unseren Wagen. Die Leute sind hier sehr dunkel von Haut. Kalkutta — eigentlich Kaligat — ist die Stadt der Kali, Schiwas schwarzer Gattin, die ihm dereinst beim Ablauf des Weltzeitalters mithelfen wird, das Universum im rasenden Vernichtungsrausch zu zertanzen. Das letzte Stadium des gegenwärtigen Weltzeitalters, das schwarze, eiserne ist jetzt schon angebrochen, es steht bereits unter der Herrschaft der Todesgöttin und wird nach ihr Kali-yuga benannt.

Beschaulich leben diese Menschen dahin. Man ist auf der Welt, um altes Karma abzuleiden, abzugenießen, um die Frucht eigenen Wirkens aus früherem Dasein zu empfangen. Wozu sich da abrackern! Lieber liegt man auf Rohrdiwanen hier im Schatten seiner Häuser. Nein, verfallene Backsteinruinen sind es; zerfällt der obere Stock, so bezieht man den unteren. In einem olivgrünen Tümpel steht ein Mann bis zur Brust und macht seine Waschungen.

Vor der Howrahstadt steht ein graues Wäldchen — näher besehen ist es ein einziger Baum, Ficus bengalensis, der größte der Welt. Sechshundert Luftwurzeln hat er von den Ästen zur Erde hinabgesenkt, die zu dicken Säulen gewachsen sind und nun den Laubschirm tragen, lange nach dem Tode des Mutterstamms. Ein ganzer Hain von siebentausend Schattenmetern, groß wie ein Marktplatz.

Zurück durch Dörfer. Kuhdungfladen kleben an den Hauswänden wie Brotteig, oft zwanzig, dreißig Kleckse in Reihen nebeneinander. Es sind Feuerungsmittel und zugleich Versicherungsschilder, Amulette gegen alle Arten von Mißgeschick.

Am Kali-Ghat steht Kalis berühmter Tempel. Die Schwarze Göttin nimmt dort alltäglich mit Sonnenaufgang ihr Ziegenopfer entgegen. Das Tier wird mit dem Gehörn in einen Pflock gegabelt, man zieht ihm die Hinterbeine hoch, und das dicke Henkerschwert fährt ihm zwischen Kopf und Rumpf.

Blut ist Magie. Erst mit der höheren Spiritualität verwandelte sich das Blutopfer, sublimierte es sich in ein Opfer des Herzens. Aber hier in Indien lebt er noch, jener magische Mensch der Vorzeit, und darum hat Kali noch immer Durst. —

Ich erfahre hier, wie schön Affen sein können. Das ist nicht die Karikatur des Menschengesichts, nein, Hulman und Hanuman sind hinreißend schön! Hemipithecus entelens: wie ein arabischer Wüstenscheich schaut er mit schwarzem, klugem Gesicht aus der tiefen Vermummung seines weißen Burnusses heraus. Welche blitzende Intelligenz in den Augen! Ich begreife, daß man diese Affen für heilig hält. Die Tierwelt — ist sie nicht Brahman in seiner Verbannung? Und Menschenart wäre nichts anderes, als sein ernstliches Bemühen, da wieder herauszukommen. Heraus aus dem Tier! Das ist es, was sie alle erstreben, die Yogis, die Buddhas, die Jinas. Im Menschen will Brahman aus seiner Selbstverstrickung heraus.

Das Indische Museum lockt uns täglich — gestehen wir's — mehr durch seine Kühle als durch seine Kunst zu sich herein. Da sind die berühmten graeco-buddhistischen Skulpturen von Gandhara. Sie stammen aus den Jahrhunderten nach dem Alexanderzuge, und griechische Banausoi haben dabei die Lehrmeister gespielt. Aber was kann ungereimter sein, als hellenische Körperbegeisterung mit indischer Leibesverachtung zusammenzubringen! Das griechische Ideal mußte sich fremd hier fühlen, es mußte erstarren im Eise des Anattagedankens, der Nicht-Ich-Einsicht. „Der Körper, ihr Mönche, der vergängliche, leidvolle, kann man von

dem etwa sagen: Das bin ich, Das gehört mir, Das ist mein Selbst?"
Nun, den Griechen *war* er das Selbst. „Ewig werde ich beharren",
so empfanden sie — und was der Tod streitig machte, das rettete
der Grieche als unsterbliche Form in die Ideenwelt hinüber. Gerade
hierzu steht der Buddhismus in genauer Opposition, der in allem
nur Schaumgebilde sieht, Leidensmassen. Griechische Philosophen
hatten zwar von Indien gelernt, aber der hellenische Geist stand
zum erstenmal mit leeren Händen da, er hatte nichts zum Tausch
zu bieten als diese schlechte Kunst. Die Gesichter der Gandhara-
Bodhisattvas sind philiströs und weibisch, ihr Lächeln ist albern,
ihr Lotus zur Artischocke entartet. Es fehlt ihnen der weihevolle
Ernst des Samadhi, die sancta hilaritas, welche uns aus den echten
Buddhabildern so unmittelbar entgegentritt. So sind diese Bildnisse
unerfreuliche Zwittergestalten, weder Apollo noch Buddha; aber
hochgepriesen von einigen Kunstgelehrten.

IN DEN HIMALAYA

Nächtliche Abreise von der Howrahstation Kalkutta. Ein Strich quer durch den Zement des weiten Bahnsteigs zeigt frommen Muselmännern die Richtung des fernen Prophetengrabes an.

Im Morgengrauen eine Station, indische Blasmusik tönt aus einem Güterwagen, eine endlos wiederholte Kadenz, darunter summt tief der Orgelton wie ein Dynamo.

6 Uhr morgens in Siliguri, Zugwechsel, Mongolengesichter steigen zu. Die Himalayan-Railway ist ein Kinderspielzeug von Eisenbahn und mit 60 Zentimetern Spurweite die kleinste der Welt. Darin sollen wir nun 18 Stunden aushalten. An der Abteiltür hängt ein Schildchen mit unserm Namen, von Cook hertelegraphiert.

Der Zug steigt die Sonnenseite der Himalayakette hinan; sie ist vom Dschungel wie vom Schimmelpilz überzogen. Hier müssen Indiens Wolken in ihrem Lauf anhalten und vor der großen Barriere niedergehen. Darum regnet es im Himalaya so oft, drüben in Tibet nie. Und darum ist auch unsere Fahrt hinauf in die Berge ein unsicherer Wurf — werden sich die Majestäten sehen lassen? Reisende vor uns haben in den letzten Tagen im nebelkalten Hotel gesessen, an Kaminen, deren Kohlen kilogrammweise auf der Rechnung standen, und sind umgekehrt.

Die Bahn steigt durch fieberverpesteten Urwald, Bereich des Tigers und Kragenbären. Dann Nadelwald. Einsame Gebirgsdörfer von Holz und Wellblech. Breite Mongolengesichter unter Wollkappen sehen uns an, ärmlich und schmutzig. Wir sind schon in die Sphäre Chinas eingetreten, in den Bereich des Dalai Lama. Station Tung. Der Himmel ist bedeckt, kühl weht die Bergluft, das Atmen wird zur Lust, ich liege schon seit Stunden im Fenster. Wirklich, hier könnte man von der Luft leben.

Das Bähnchen hat keine Kurven, keine Tunnels, sondern rangiert sich im Zickzack hinauf, hin und her, rückwärts und vorwärts.

Welche Freude der Mensch doch am Neuen hat — und seien es auch nur diese Wellblechhütten hier, die Plattnasen und Schlitzaugen auf dem Bahnsteig! Hundertjährige Gesichter sind darunter, wie verwitterter Fels. Vorm Fenster steht ein alter Tibeter, ein gelber Runzelkopf mit dem petrifizierten Lächeln im Augenwinkel.

In Kurseong gibt's Lunch, heißen Tee in dünner Luft. Von fern weht der Duft eines Holzfeuers herüber und macht mich glücklich.

Das Bähnchen zieht einen kuriosen Ring, fast einen Knoten, und fährt dann über sich selbst hinweg. Wolken oben, Wolken unten. In die Tiefe öffnen sich Falltüren durch die Wolkendecke und geben den Blick in die graue Hindostanebene frei — es ist wie eine Reise im Luftschiff. Die Berge im Norden ahnt man nur.

Endlich um 12 Uhr mittags sind wir in Dordscheling, Donnerkeilort, angelangt, englisch Darjeeling, in 2500 Metern Meereshöhe und in himmlisch kühler Luft. Ein weißes Laken verhüllt im Norden die Schneeregion, den Himavat. Werden sich die Majestäten sehen lassen?

Eine breitnäsige Leptschafrau stellt unsere Koffer auf eine Kiepe, zieht sich die ganze Last mit einem Lederband über die Stirn und schleppt sie ab!

Wir sind schwarz vom Kohlenstaub durch das lange Liegen im Fenster und nehmen erst einmal ein heißes Bad, treten dann auf den Balkon hinaus und sehen hinunter auf die villenbesäten Hügel: ein Schweizer Kurort bei schlecht Wetter. Inzwischen lodert im Kamin ein Feuer von Steinkohlenklötzen aus Burma, den teuersten Kohlen der Welt.

Sauber gekleidete Bengalis mit weißen Riesenturbanen und breiten roten Schärpen bedienen bei Tisch. Der Turban läßt ein handtuchlanges Stück in den Rücken hinab hängen; das gibt dem

Mann eine eigentümliche Würde. Hier hat alles großes Format. Auch die Hotelpreise.

Abends auf dem Markt. Karawanen von zottigen Pferdchen und Maultieren stehen und liegen umher, Ballen und Kisten werden verladen, von und nach Tibet. Die Karawanenstraße geht über den Cholapaß, das Chumbital hinab nach Lhassa, wochenlang. Ich kaufe eine tibetische Pelzkappe morgen fürs Gebirge.

Nachts halb drei Uhr Aufbruch zum Tigerhill in kalter Mondnacht. Ich reite ein pelziges weißes Pony. Die Gefährtin schwebt in offener Sänfte auf den breiten Schultern von sechs kurzbeinigen derben Tibetern. Bis über den Kopf in scharlachrote Wolldecken eingehüllt, thront sie wie der Taschi Lama in großer Prozession. Im Laufschritt tragen sie die Last steil bergan und singen dabei. Was sind das für Lungen und Herzen!

Nach einer Stunde hört der Wald auf. Da leuchtet gegenüber, im blassen Mondlicht phosphoreszierend, eine weite Gebirgskette — der Kangtschendsönga! Es ist windstill und kalt, und die Geisterberge stehen schweigend im fahlen Schein wie eine erstarrte Meereswelle ... Nach zwei Stunden haben wir den Tigerhill erstiegen, befinden uns jetzt in 3500 Metern Höhe über dem Meer. Die munteren Leute zünden ein wohltätiges Feuer an, sie kochen Tee und lachen in einem fort. Diese Kälte! Zur reinen Betrachtungsfreude kommt man nicht.

Der Wolkenozean um uns herum gerät ins Wallen. Wie langgestreckte Inseln tauchen die dunklen Berge daraus hervor. Dämmerung steigt hoch, nun steht der östliche Horizont in Rotglut, und da, auf einmal blitzt eine Bergspitze im ersten Strahl.

Achttausender und Siebentausender!

Fern im Westen erkennt man durchs Glas kleine Schneekuppen über den Bergzügen, jetzt glimmen drei Punkte, Kabru, Jannu und Gaurischankar, der Gipfel der Welt! Wir stehen in hundertfünfzig Kilometern Entfernung.

Doch zurückgeblickt zu unserer Kangtschendsöngagruppe. Jetzt steht sie voll im Licht und zeigt ihr herrliches Morgenantlitz! Nun erst gewahrt man die Größe des Massivs. Die Nebelschlangen winden sich zu Tal, und endlich steht es frei da, blendend rosa auf dunklem Grunde in achttausendfünfhundertfünfundachtzig Metern Meereshöhe.

Ich vergleiche. Die Alpenkette in dieser Entfernung gesehen, etwa von Genf aus, läßt nur einen schwachen Vergleich hiermit zu. Sieht man die Schweizer Berge so groß wie diese, dann steht man zu nahe davor und es fehlt der Abstand. Diese hier stehen sozusagen eine Wolken-Etage höher. Der Kangschendsönga ist doppelt so hoch wie die Jungfrau, daher die unvergleichliche Wirkung.

Und doch, wie glatt ist die Planetenrinde! Nur neun Kilometer hochgestellt — das ist schon das höchste Gebirge der Welt! Den tiefsten Meeresgrund mißt man in zwölf Kilometern Tiefe, und doch — nicht mehr als der feuchte Hauch auf einer Glasmurmel ist die gewaltige Wassermasse des Ozeans!

Der Gneis dieses gewaltigen Massivs ist das jüngste Gebirge der Erde, und der Himavat, seine Schneeregion, eine Erinnerung an die letzte Eisperiode der Erde. Him-alaya bedeutet Heimat des Schnees.

Ein paar Grade nur war es wärmer geworden, ein ganz Geringes — und schon breitete sich unser buntes Leben aus. Der glückliche Punkt zwischen minus 273⁰ Weltraumkälte und plus 100⁰ Siedehitze — diese wenigen neutralen Temperaturgrade nur sind es, in denen das heilige Wasserelement sich freut, wo es weder als Eis in Starrheit gefesselt ist, noch als Dunst durch den Luftraum jagen muß. Wie lange wird es dauern? Baum, Tier, Menschengeist, mit dem Wasser entstanden, sind nur ein flüchtiges Capriccio auf dieser Kugel, das mit dem Wasser wieder vergehen wird — ein paar Götterstunden, nicht mehr. Und das Buddhawort kommt mir in den Sinn: „Schwer, ihr Mönche, ist es, Menschengeburt zu erlangen, und ein großes Glück!" So rief er aus, der am Fuße dieses Gebirges geboren ward. Und ein herrliches Gleichnis gab er dazu, ein unheimliches:

„Gleichwie etwa, ihr Mönche, wenn ein Mann eine einkehlige Reuse in den Ozean würfe; die würde da vom östlichen Winde nach Westen getrieben, vom westlichen Winde nach Osten ge-

trieben, vom nördlichen Winde nach Süden getrieben, vom südlichen Winde nach Norden getrieben; und es wäre da eine einäugige Schildkröte, die alle hundert Jahre einmal emportauchte;
was meint ihr nun, Mönche: sollte da etwa die einäugige Schildkröte mit ihrem Halse gerade in jene einkehlige Reuse hineingeraten?"

„Wohl kaum, o Herr; oder doch nur, o Herr, irgendeinmal
vielleicht, im Verlaufe langer Zeiten."

„Eher noch mag, ihr Mönche, die einäugige Schildkröte mit
ihrem Halse gerade in jene einkehlige Reuse hineingeraten: aber
schwieriger, sag ich, ihr Mönche, ist Menschentum erreichbar, sobald
der Thor einmal in die Tiefe hinabgesunken. Und warum das?
Weil es dort, ihr Mönche, keinen gerechten Wandel, geraden
Wandel, kein heilsames Wirken, hilfreiches Wirken gibt: einer den
anderen auffressen ist dort, ihr Mönche, der Brauch, den Schwachen
ermorden." (129. Lehrrede der Mittleren Sammlung.)

Wie lange noch, und alles wird erstarrt sein, und vom Monde
gesehen, wird der große Ball so weiß leuchten wie dort drüben der
Himavat...

OM MANI PADME HUM

Abstieg zu Fuß über den weiten Kamm des Tiger-Hill, immer im Anblick der Schneeberge. Dann durch herbstlich rauhen Hochwald. Die Bäume sind in zottigen Moospelz gehüllt, es hängt in dicken graugrünen Bärten herab. Unten wartet Tsering mit den Pferden und im Galopp gehts über das Plateau nach dem Dorfe Ghum, einem Wellblech- und Bretterhaufen. Lachende Schlitzaugen sehen aus allen Luken hervor, und mit der Kritik halten die Lepchamädchen durchaus nicht zurück. Gut, daß man's nicht versteht — wer spottet hat meist Recht. Die Heiterkeit dieser Mongolen ist geradezu erholsam nach dem schweigenden Ernst Indiens. In Indien sieht man — von Kindern abgesehen — nie ein lachendes Gesicht.

Dort auf der Höhe flattern Stangen mit aufgehängter Wäsche, nein, nicht Handtücher sind es, sondern papierene Gebetsfahnen, lange Streifen in Tibetisch bedruckt. Wir nähern uns einem zierlichen chinesischen Hause, dem Lamakloster Ghum Gumpa. Mahayana-Buddhismus! Ich habe den südlichen Buddhismus von Ceylon erlebt, ich werde jetzt einen Blick auf den nördlichen von Tibet werfen.

Die allzu gedankliche, allzu gottlose (oder gottfreie) Lehre des Erhabenen ward aus Indien in die Grenzländer hinausgeweht — nach Ceylon, nach Java, Siam und Burma, nach Tibet und ins ferne China und Japan. Der Wahrheitsverkünder, der die Menschheit mündig spricht, gilt nichts in seinem Lande. Im Norden aber katholisierte das Buddhawort, es wurde theistisch und zur Kirchenreligion: ein „Großes Fahrzeug", ein Dampfschiff, Mahayana, groß genug, um alle Wesen mitzunehmen über den Daseinsstrom ans jenseitige Ufer. In Ceylon und Burma hingegen blieb das Wort bestehen als „Kleines Fahrzeug", ein Boot, Hinayana, für die Wenigen, Geistigeren.

Ich steige vorm Tempel von meinem Pferdchen ab. Da sitzen sie schon, die ersten Lamas in rosaroten Kutten, plaudern oder drehen die Gebetsmühle im Vorraum, den rotgestrichenen mannshohen Zylinder. Und nun höre ich's zum erstenmal:

Om mani padme hum —
O Kleinod im Lotus —

Hundert-, tausendmal am Tage dreht sich der Korlo, tönt der heilige Spruch. Der Lama sitzt mit verschränkten Beinen davor, zieht am Bindfaden, und bei jeder Umdrehung klingt ein Glöckchen. Dann singt er den Spruch. Wir schütteln den Kopf darüber, aber es stecken doch alle Klugheiten des Orients darin. Die Hand ist beschäftigt, das vagabundierende Denken ist an die Formel gebunden, es muß stillhalten. Nun kann die Ruhe der Himmelswelt einströmen in Körper und Geist... Der Korlo ist das Handwerkszeug bei der heiligen Kunst des Lassens.

Mein Lama hier hat auch noch die Linke mit der Handmühle besetzt, jetzt lacht er vergnügt, gibt dem Zylinder einen tüchtigen Stoß und hält die Rechte zum Tip hin... Om mani padme hum — Om mani padme hum...

Was bedeuten die geheimnisvollen vier Sanskritworte?

Om ist der langgezogene heilige Laut des Veda, der alle Wesen und Welten in sich umschließt. Er steht somit eigentlich als Fremdkörper in dieser Lehre.

Mani, der Edelstein, ist das Juwel des Buddhawortes in der Welt.

Padma (lokativ: padme) ist die Lotusblüte, die im Ozean schwimmende feste Erde.

Hum, der Ausklang, ist zugleich Abwehr dämonischer Mächte.

Das Mantram enthält alle fünf Vokale, deren jeder an sich für heilig gilt und eine von den fünf Welten symbolisiert, Himmel-, Menschen-, Tier-, Geister- und Höllenreich. Der Spruch wird in einem Atemzuge gesprochen, gesummt, indem die erste langausschwingende Silbe dem Anschlagen einer tiefen Glocke oder eines

Gongs gleichkommt. Der Brustraum, so zum Klangkörper geworden, durchdröhnt mit seinen Schwingungen den ganzen Organismus und erfüllt ihn mit Ruhe, Glücksgefühl und Gesundheit. Der echte Mantrayogin braucht keinen Arzt, keinen Ratgeber — er ist, wie es Schopenhauer empfiehlt, sein eigener Arzt, Priester und Richter.

Dieses Gebirge, das ganze Land Tibet tönt wider von dem heiligen Spruch. Der Handwerker summt ihn bei seiner Arbeit, der Kuli neben dem Lasttier, der Kaufmann, der Regierungsbeamte im Sattel. Auf dem Reispapierstreifen im Innern der Gebetsmühle steht er zehntausend-, hunderttausend-, millionenmal geschrieben.

Man nennt die Übung eines heiligen Spruchs (eines Gebets, in dem um nichts gebeten wird) Mantra yoga. Das Bewußtsein des Lamas wird identisch mit den Worten, es wird davon gänzlich in Besitz genommen wie ein Gefäß, das mit reinem Wasser bis zum Rande gefüllt ist. Mantra yoga in jeder Art ist das leichteste Mittel zur Erlösung und bleibt darum dem jetzigen „schwarzen, eisernen Zeitalter", dem Kali yuga, vorbehalten, welches des höchsten Geistesfluges nicht mehr fähig ist. Diese Betrachtung ist zwar keine buddhistische, sondern eine hinduistische; aber hier im Norden verfließen die Dinge miteinander.

Wenn man die Wirkung einer solchen Mantrapraxis ermißt, dann begreift man etwas von der tiefen Ruhe und Heiterkeit dieser Menschen.

Wir kehren zu unserem Lama-Kloster zurück. Gelb und rot ist das Innere des würfelförmigen Tempelraumes ausgemalt, golden und riesig thront Buddha Amitabha darin und sieht aus dickwangigem, ruhegeborenem Antlitz mit drei Augen auf den Beschauer herab. Hunderte von rußigen Ölgläschen brennen zu seinen

Füßen, Opferreis liegt verstreut umher, es duftet nach Stäbchen-Weihrauch. Die Wände entlang steigen eingebaute Glasschränke bis zur Decke hinauf, die Bibliothek des Klosters. Einzeln in kleinen Fächern stecken Palmblatt- und Reispapier-Handschriften darin, in roten und gelben Tüchern verwahrt.

Wir wenden uns um. Die Rückwände des Tempelraumes sind Malereien, vorherrschend in Hellgrün; Darstellungen schrecklicher Welten und der Qualen, welche der „gierverstrickten, haßverstrickten, wahnverstrickten" Wesen dort warten. Der Buddhismus ist gar keine so gemütliche Religion, wie viele vermeinen, es gibt da ganz anständige Höllen und gleich ein paar Millionen davon. Auf all diesen rücksichtslosen Bilderchen hier werden die Leute von Dämonen zerhackt oder zersägt, aber sterben dürfen sie nicht, die Körper müssen wieder zusammen, und die Qual beginnt von neuem. Sie leiden an unstillbarem Hunger, an unlöschbarem Durst. Weil ihr Wesen aus Haß und Wahn besteht, tun sie sich gegenseitig alles nur erdenkliche Böse an. Da ist die Feuerhölle, in der herrscht eine solche Temperatur, daß Wesen, die daraus hervorkommen, auf einen glühenden Kohlenhaufen gesetzt, dieses Lager als wohltätig kühl empfinden. Dort die Kältehölle: Wesen, daraus hervorkommend, fühlen sich auf Eis gelegt, wohlig warm.

Einen Trost jedoch haben diese Höllen alle: Kein Zustand ist ewig, jeder nimmt sein Ende, sobald das Karma, die Frucht früheren verderblichen Tuns, abgelitten ist. Das mag freilich recht lange dauern, manchmal das ganze Kalpa hindurch, ein paar Billionen Jahre. So werden die Wesen entsprechend ihrem Karma von Geburt zu Geburt weitergetrieben, tauchen jetzt in himmlischer Welt auf, dann in tierischer, in menschlicher, in Schudra- und Brahmanenschoß, dann wieder in höllischer, und so das Rad der Wiedergeburten auf und ab, je nach ihrem Tun und Denken, nach ehernem Gesetz. Denn „Unabsehbar, ihr Mönche, ist der Samsaro (diese Wandelwelt), nicht ist ein Anfang, nicht ist ein Ende der im ,Nichtwissen' von Geburt zu Geburt wandernden Wesen zu erkennen."

Da ist es denn allein der ariyo-atthangiko maggo, der „Edle Achtfache Pfad", der aus dem ganzen Getriebe herausführt, ent-

126

sprechend der Einsicht in die Vier Edlen Wahrheiten: vom Leiden — von der Entstehung des Leidens — von der Vernichtung des Leidens und vom Pfade, der zur Vernichtung des Leidens führt, dukkha-nirodha-gamini-patipada. So verkündet es der Pali-Kanon, die Heilige Schrift des Buddhismus.

Nebenan liegen die bescheidenen Wohnräume des Khan-po-lama. Bemalte Holzmöbel in Rot und Gelb, ein Meditationshocker mit Sitzkissen; Schreibzeug, Reispapier und Palmblattstreifen liegen auf dem knallroten Tischchen davor, alles sehr akkurat und sauber. Aber etwas Abwechslung muß der Mensch doch haben, selbst wenn er Abt eines Lamaklosters ist, und so lacht den asiatischen Mönch auch hier ein blondes Persil-Mädchen unentwegt von der Klosterwand an.

Als wir wieder draußen sind, ertönt ein schnarrender, blökender Baß, der junge Lama vorm Tempeltor bläst das vier Meter lange Alphorn. Es ist um die Mittagszeit und die Meditationsstunde. Der Lama am Korlo nickt uns zu —

> Om mani padme hum — kling...
> Om mani padme hum — klang...

Wieder hängt das weiße Wolkenlaken vor den Bergen. Wir reiten über die Grenze nach Nepal hinüber. Urwald, Nadelhölzer, ganz dick mit grünen Moosbärten behangen. In der Sommerszeit leben Tiger und Bären hier oben, winters ziehen sie hinab an den Fuß des Gebirges. Nur der Schneeleopard bleibt zurück, hier wo die Grenze des Schnees erst in fünftausend Metern Höhe liegt.

Nepal ist verbotenes Land, nur eine Wegstunde weit läßt man uns Fremde hinein. Hier sind wir denn auch an der Grenze von Britanniens Macht angelangt. Der Maharaja von Nepal ist unabhängiger Herr über das Gurkha-Volk, kriegerische Leute, denen der Kukri, der kleine Dolch, stets im Gürtel steckt. Hier kommt noch die Witwenverbrennung vor.

Auf Nepals Gebiet stehen die höchsten Gipfel der Welt, Mount Everest, Makalu, Kangtschendsönga, Dhaulagiri. Mount Everest, der König der Berge, hat zwar vielfältige Namen: Kangri, Sibadschi, tibetisch Tschomolungma. Jedoch ist sein wahrer Name immer noch Gauri-Schankara, der alte hochheilige des göttlichen Ehepaars Gauri (Parwati) und Schankara (Schiwa). Wir sollten ihn wieder zu Ehren bringen! Es stehen noch vierzig namenlose Hochgipfel über siebentausendsechshundert Metern Höhe. Noch hat der Mensch ihnen keine Namen gegeben, nur Nummern.

Wolken verhängen heute jede Aussicht, auch ins Tal hinab. Wir halten in Sumana, einem Bretterhaufen von Dorf. Ein Hügel, darauf steht ein Tschorten, die weiße Pagode über der Aschenurne eines hohen Lamas.

Nomaden aus Tibet haben ihre Zelte aufgeschlagen. Im Herbst sind sie durchs weite Chumbital über die Pässe heraufgezogen, um während der kalten Zeit die Sonnenwärme der Südseite zu genießen. Denn im Transhimalaya herrschen jetzt fünfzig Grade unter Null.

Sobald sie uns sehen, kommt's aus den schwarzen Zelten herausgelaufen, alt und jung, schmutzig, hautkrank und zerlumpt. „Tschuleh, tschuleh!" Zwei junge Frauen sind dabei, das schwarze Strähnenhaar hängt ihnen bis in die Schlitzaugen herab. Wangen und Nasen sind mit Schuhwichse geschminkt, und zum Gruße strecken sie uns die Zunge heraus. Vermutlich sind sie die Ehefrauen der vielen Männer in den Zelten, denn die Tibetanerin lebt polyandrisch. Manche ist mit fünf oder acht Brüdern verheiratet: so lebt man in ehelichem Frieden! Ich verteile meine letzten Annas an die schrecklich Zudringlichen. Sie laufen mir noch bis zum Wagen nach: „Tschuleh, tschuleh!"

Sie waschen sich nie! Fürchten sie doch, das Glück fortzuwaschen, welches odisch an die Kruste gebunden ist. Ein weißer Mann, der das Land Tibet heimlich in Verkleidung durchwanderte, hatte am empfindlichsten unter dem Verzicht auf Waschwasser gelitten. Nach Wochen in Lhassa angekommen, wurde ihm endlich ein warmes Bad bereitet — aber wie er hineinsteigen sollte, entdeckte er zu seiner Verwunderung, daß das Bedürfnis ganz verschwunden war. Nur mit Unlust hat er sich hineingesetzt. So groß ist die Macht der Gewohnheit!

128

Lamaistische Priesterschaft, Sikkim

Buddha Gaya

Die große Pagode,
unmittelbar davor der Mahabodhi-Baum

Der Mahabodhi-Baum

Chinesische Buddha-Mönche

Tibetischer Lama

Noch ein kurzer Abendbesuch in unserem Kloster beim Tathagata. Der Lama schnarrt wieder talabwärts ins Tempelhorn und der Korlo dreht sich mit leisem Klang.

Die Stunde des Sonnenunterganges, wenn sich die atmosphärischen Schwingungen ausgleichen, ist die gute Zeit zur Meditation. Nun wirkt der hohe Gebetszylinder mit dem leise gesungenen Spruch ganz unmittelbar beruhigend auf das Gemüt. Von fern zieht süßer Duft von Holzrauch herüber, es dämmert. Unentwegt singt der Lama ...

Ringsum wallt es in den Nebeln, in Wolkenschlangen ziehts eilig zu Tal, in der Höhe hellt sich's auf und blaut. Ich steige herbstlich gelbe Grasterrassen hinan und atme die kühle Abendluft, ein Bergfeuer brennt lodernd. Vor den Bergen hängt noch der weiße Vorhang, davor steht groß ein schwarzer Nadelbaum im Leeren. Da erschrickt das Auge und begreift: Unvermutet hoch über Baum und Nebelwand, fern und erdentrückt schimmert der Himavat in den letzten Minuten des Tages — jetzt glühen die Gipfel ... In den Anblick verloren stehe ich noch lange hier oben, bis der letzte Punkt verglommen ist und das Ganze wieder dasteht im fahlen Schein wie eine gigantische gefrorene Ozeanwelle.

Es dunkelt rasch, Rückweg. Ein offener Pavillon, es ist die Totenverbrennungsstätte der Lamas. Wir treten ein und stehen in der Asche des letzten Scheiterhaufens, Steinchen liegen darin zerstreut umher.

„Würden, ihr Mönche, alle Knochen, die ihr schon getragen habt, zu einem Haufen geschichtet — es gäbe ein Gebirge größer als der Himalaya. Und würden alle Tränen, die ihr schon geweint habt, gesammelt — es gäbe eine Salzflut größer als der Ozean." (Samyutta Nikaya.)

Bei völliger Dunkelheit zurück. In der weiten Halle des Mount Everest Hotels prasselt der Kamin. Ein tibetanischer Händler tritt heran und bietet Silberarmringe mit eingeschliffenen blauen Türkisen feil. Die Gefährtin wählt lange aus und schließlich bleiben vier weite Ringe an ihren schlanken Armen hängen. Ich wähle

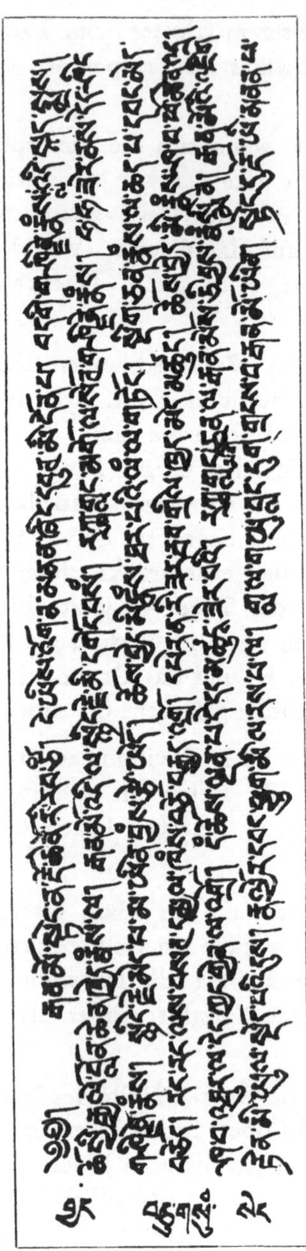

Tibetische Handschrift, Himalaya

eine aus Menschenknochen geschnitzte
Gebetsmühle und längliche Manuskript-
streifen in Tibetisch, aber lesen kann ich
sie nicht. —

Vor Sonnenaufgang treten wir aus
der Tür. Drüben stehen die Bergmassive
noch unbeleuchtet und morgenfrisch. Die
Luft ist kalt, Duft von Holzrauch erhöht die Stimmung. Wir steigen einen
Hügel hinan und erreichen ein Wäldchen von Gebetsfahnen und Wimpeln
an hohen Stangen. Ein Steinbild des
Buddha steht dazwischen und kleine
Hindugötter. Eine Glocke. Zwei duld-
same Religionen geben sich allmorgendlich hier ein Stelldichein.

Der erste Sonnenstrahl trifft auf die
Schneegipfel drüben — der Kangschendsönga gibt uns seine zweite Vorstellung.
In himmlischem Rosa erstrahlen die gewaltigen Gletschermassen. Den Gipfel
überschwebt jetzt ein rosa Papierbogen
von Wolke, er rollt sich von rückwärts
um ihn herum und deckt ihn zu. Es ist
sehr kalt. Ein Brahmane kommt, tief in
Decken vermummt, langsam heran, läu-
tet als erster die Glocke und leiert seine
Mantras her, umwandelt dann die Steinbilder dreimal. Nach ihm erscheint der
buddhistische Lama, sein Mongolen-
gesicht tief in der Kapuze versteckt und
spricht sein Mani. Wir sind ganz allein
hier oben.

Noch einmal buchstabieren wir die
Gipfel durch: Pandim, Jannu, Kabru,

130

Sinjoltschu. Achttausender! Mount Everest ist von hier nicht zu sehen. Kangschendsönga ist der Jungfrau ähnlich, Pandim steht daneben wie der Mönch. Sinjoltschu leuchtet ganz herrlich als einzelner weißer Riesenkegel dahinten. Das ist schon Transhimalaya, Tibet. Durch die Kerbe dort, den Chola-Paß, gehts hinüber nach Schigatse, dem buddhistischen Rom. Vier Tagereisen zu Pferde braucht man bis an die Grenze. Brückenlose reißende Gebirgsströme müssen an Seilen überquert werden und eine ärgere Paßkontrolle gibt es in der ganzen Welt nicht. Tibet ist noch immer verbotenes Land.

Wir sind wieder unten in der Stadt und durchqueren das Markttreiben. Dort wird das Auge vom ersten chinesischen Tempel überrascht — das weit ausschwingende Dach hält ihn wie schwebend in der Luft. Wir treten ein. Golden und riesig thront Buddha Amitabha hinter der Glaswand. Von wem er nur das Kringelschnurrbärtchen hat — sicherlich vom Schiwa. Seitlich stehen wieder Büchervitrinen die Wände hoch, mit dem kattunumwickelten handgeschriebenen Inhalt. Alles ist sehr sauber gehalten. Räucherduft und schöne Ruhe durchziehen den Raum.

Mahayana-Buddhismus! Der Katholizismus des Ostens mit allen seinen Merkmalen, mit Papst, Klerus, Taufe und Absolution, mit Weihwasser und Rosenkranz, ja sogar mit dem Klingeln am Altar. Die Madonna und die himmlischen Nothelfer fehlen nicht: es ist der Bodhisattva Avalokiteschvara, der in China ins Weibliche transfigurierte, zur freundlichen Kwan Yin. Dazu die Legion der Bodhisattvas mitsamt dem lieblichen Maitreyi, dem künftig erscheinenden Buddha. Schon jetzt wartet er in seinem Tuschita-Himmel, um zur Erde herabzusteigen, sobald es Zeit ist. Er wird ein Lehrer der allgemeinen Menschenliebe und des grenzenlosen Wohlwollens zur Kreatur sein, das steht schon fest, und schon heute wendet sich alles im Gebet zu ihm hin.

Mit Dem, was einstmals der Asket Gotamo lehrte von der Leidensentstehung und Leidensvernichtung, hat das etwa soviel zu tun wie die Worte des Bergpredigers mit dem lithurgischen Barock der Ostkirche. Aber welch wunderbarer Zauber geht davon aus, hier wie dort!

Mittags um zwei reisen wir ab. Die Berge sind verhängt. Aus dem Abteilfenster des Berg-und-Tal-Bähnchens haben wir wieder die ungeheure Aussicht hinab in die grüngraue Hindostan-Ebene, ein Silbernetz von Strömen. In schnellem Abstieg schnauft sich das Bähnchen zurück in den bengalischen Brutofen. Nachts um zehn Uhr sind wir wieder in Kalkutta in fünfundsiebzig Zentimetern Meereshöhe. Morgen halten wir einen Ruhetag. —

In den Hotels muß man gelegentlich die Rechnung richtigstellen. Ein ganzer Pensionstag (14 Rupies, 24 Mark) wird gern aufgeschrieben, auch wenn man erst kurz vor Mitternacht angekommen ist. Als ich das moniere, erhalte ich die liebenswürdige Antwort: „Oh, Mister M., Sie hätten auch schon morgens ankommen können, Sie waren uns sehr willkommen!" Eine halbe Stunde dauern Verhandlung und Vergleich. So hatten wir Eile, den Benares-Expreß noch zu erreichen. Aber Eile ist ein Ding, das man in Indien nicht haben darf, und man muß dafür büßen. Schon auf der Fahrt zur Station fliegen einige Handkoffer über Bord des Autos und rutschen über den schönen englischen Asphalt, genau vor den vollbesetzten Bus, dem unser Chauffeur-Scheich hatte ausweichen wollen. Dann sitzen wir glücklich im falschen Zug nach Patna und müssen im Laufschritt durch eine ruhevoll hockende Menge hindurch. Die mögen denken: So ein Wesen hat ein ganzes Kalpa vor sich, ein paar Billionen Jahre — und da geizt es so mit der Minute!

DER BAUM DER ERKENNTNIS

Der Mahabodhi-Baum von Buddha-Gaya

> „Ein wahnloses Wesen ist in der Welt
> erschienen, vielen zum Wohle, vielen
> zum Heil." (Majjh. 4)

Die Sonne steht schon hoch, und der Wind fegt über die trockene Lehmebene. Er zieht kalt durch den Tropenhelm, und ich binde mir die Serviette vom Rasthaus um den Kopf, um es auszuhalten. Graues Lehmziegeldorf, blinzelnde Augen sehen uns nach, bis die Gestalten in der Staubwolke verschwinden. Ein sonnendurchglühtes Flußbett, ohne eine Pfütze Wassers darin. Hier und da steht im Grau der Landschaft ein dunkler Bo-Baumriese auf uraltem steinernem Altar. Wie doch der Anblick einer solchen Persönlichkeit erfreut!

Fern sieht man blaues Gebirge. Der Wagen saust und läßt einen Samum von Staubwolke hinter sich. Am Horizont taucht jetzt die Spitze der großen Pagode auf, wir nähern uns dem heiligen Bezirk. Eine Bodensenke, ein Wäldchen, unzählige Trümmer und der riesige Pagodenturm — wir stehen an Indiens heiligster Stätte.

Hier war es gewesen, unter diesem Baum, daß Siddhartha, der edle Prinz aus der Sakya-Familie neunundzwanzigjährig sich niederließ als Bodhisattva, als Erleuchtungswesen, und von dem er nach sieben Jahren aufstand als ein Ssammassambuddha, ein Voll-und-Ganz-Erwachter. In der letzten Nacht des Vollmondes war Nichtwissen in ihm untergegangen, Wissen war aufgegangen...

„Fern von Begierden, fern von unheilsamen Dingen weilte ich da, in sinnend gedenkender, ruhegeborener, seliger Heiterkeit erwirkte ich die Weihe der ersten Schauung. Nach Vollendung des

Sinnens und Gedenkens gewann ich die innere Meeresstille, die
Einheit des Gemütes, die von Sinnen, von Gedenken freie, in der
Einigung geborene selige Heiterkeit, die Weihe der zweiten Schauung. In heiterer Ruhe verweilte ich gleichmütig, einsichtig, klar
bewußt, ein Glück empfand ich im Körper, von dem die Heiligen
sagen: ‚Der gleichmütig Einsichtige lebt beglückt.‘ So erwirkte ich
die Weihe der dritten Schauung. Nach Verwerfung der Freuden
und Leiden, nach Vernichtung des einstigen Frohsinns und Trüb-
sinns erwirkte ich die Weihe der leidlosen, freudlosen, gleichmütig
einsichtigen vollkommenen Reine, die vierte Schauung. Solchen
Gemütes, innig geläutert, gesäubert, gediegen, schlackengeklärt,
geschmeidig, biegsam, fest, unversehrbar, richtete ich das Gemüt
auf die erinnernde Erkenntnis früherer Daseinsformen.“

Jetzt erinnerte sich der nunmehr zum Buddha gewordene
seiner früheren Daseinsformen: „So trat ich damals ins Leben, in
dieser Familie wurde ich geboren, so hieß ich, das war mein Beruf,
so war mein Tod…“ Dieses Erste der „Drei Wissen“ war ihm in
der ersten Nachtwache aufgegangen.

Dann richtete er sein überirdisches Buddha-Auge, das Weisheitsauge in der Stirn, auf die Schicksale der anderen Wesen: „So
sind diese lieben Wesen heraufgekommen, solchen Lebenswandel
führen sie, so ist ihr Tod, in solche Welt gelangen sie danach“ —
das erkannte er. Dieses „Zweite Wissen“ war ihm in der mittleren
Nachtwache aufgegangen.

Was aber kann allein vom Ganzen der Erfahrung unwider-
sprechbar ausgesagt werden? „Das ist das Leiden!“ So erkannte
als Erster der junge Buddha, und das „Dritte Wissen“ war ihm
aufgegangen und damit zugleich die Erste der Vier Edlen Wahrheiten. Und weiter: Dieser andere Satz steht fest, der einzige,
den Philosophie zu allen Zeiten gelten läßt, der Kausalsatz: Keine
Wirkung ohne Ursache. Somit: Was auch entstanden ist, aus Ur-
sachen ist es entstanden. Und: „Das ist die Entstehung des
Leidens“, so war die Zweite Edle Wahrheit in ihm aufgestiegen.
Nunmehr die Abhängigkeiten der Dinge zurückverfolgend (pa-
ticca-samuppada), von Tod zu Geburt, zu Werden, Ergreifen,

Durst, Empfindung, Berührung, über alle zwölf Glieder der Ursachenverkettung hin, erkannte er den Anfang der leidvollen Persönlichkeit im avijja, im „Nichtwissen" — an welchem ersten Gliede der Kette die ganze Leidensmasse hängt.

Was aber ursächlich entstanden ist, das muß auch verschwinden, sobald die Ursache entfällt. Somit: „Das ist die Vernichtung des Leidens", kam die Dritte der Vier Edlen Wahrheiten in seinen Geist.

Wie aber wird es verwirklicht, welches ist die Methode, dem Leiden die Grundlagen zu entziehen? Auch diese letzte der Edlen Wahrheiten war ihm aufgegangen, bevor das Morgenrot heraufkam: „Das ist der Weg zur Vernichtung des Leidens, dukkhanirodha-gamini-patipada", nämlich: der Edle Achtfache Pfad: rechte Ansicht, rechter Entschluß, rechte Rede, rechtes Tun, rechter Lebensunterhalt, rechtes Streben, rechte Sammlung, rechte Vertiefung.

Jetzt konnte er den Ausruf tun: „Khina jati vusitam brahmacaryam katam karaniyam naparam itthattaya: Vernichtet ist die Geburt, ausgelebt das Reinheitsleben, getan das Zu-tuende — nichts weiteres nach diesem hier."

Die letzten Worte sind identisch mit dem Nirwana.

Hier unter diesem Baum, oder jedenfalls in seinem Umkreise auf dem graugelben Lehm dieser staubigen Ebene hat sich das höchste Glückserleben abgespielt, das in der Menschenbrust verwirklicht werden kann: die Erwachung zur Buddhaschaft. In seinem Glück verweilte so der junge Bhagavan, der nunmehr Erhabene, sieben Tage lang, und er erwog in seinem Geiste, wie stromentgegengehend doch diese Einsicht sei, wie sie Verstehende nicht finden werde. So beschloß er, den Rest der Lebenszeit in Schweigen zu verharren und, der eigenen Erlösung genießend, in sein Nirwana einzugehen.

Aber kaum war der Entschluß gefaßt, da erschien vor ihm in mächtigem Glanze der höchste Indra, der König der Götter, Brahma Sahampati, brachte dem neuentstandenen Buddha seine Verehrung dar und redete ihn an: „Nicht möge der Erhabene in sein Nirwana eingehen, ohne die Wahrheit von der Leidensvernichtung den Menschen verkündet zu haben! Es gibt einige Wesen, deren Augen nur wenig mit Staub bedeckt sind. Wenn sie die Lehre hören, werden sie die volle Erlösung gewinnen; im anderen Falle verlorengehen. Möge der erhabene Buddha sich von Mitleid bewegen lassen!" Und der Buddha willfahrte von Mitleid bewogen der Bitte des Indras, welcher alsbald nach ehrfurchtsvoller Verabschiedung wieder in seinen Brahmahimmel entschwand. —

Buddha Gaya ist die einzige Stätte Mutter Indiens, an der sie ihres größten Sohnes noch gedenkt. Seit anderthalb Jahrtausenden ist die Lehre aus Indien verweht.

An der Südseite des hohen Pagodenturms steht der Baum, erhöht auf steinernem Altar. Ein gewöhnlicher kräftiger Parkbaum, den Espen unserer Gärten verwandt, mit leise bewegtem herzförmigen Laub. Sein Stamm ist bronzegolden übermalt. Er ist ein Sprößling jener Ficus religiosa, jenes Baum-Ahnen, der längst vergangen ist. Aber eine Chronik bezeugt seine Abstammung.

Ich umgehe die Pagode, dann ziehen wir die Schuhe ab und treten ein. Ein mäßig großer lichtloser Raum nimmt uns auf, die Decke ist von einem Tuche verhangen. Mächtig, fast an die Decke anstoßend, thront der Heilige in der Versenkung, schlitzäugig und chinesenhaft. Hundert Ölgläschen brennen ihm zu Füßen und erhellen das Halbdunkel. Wohl nirgends in der Welt ist so alter Kult ununterbrochen lebendig. Die Lehre des Erhabenen, einmal verkündigt, geht nicht unter.

Namo tassa Bhagavato Arahato Ssammassam Budhassa! „Ehre dem Erhabenen, dem Ans-Ziel-Gelangten, dem Voll-und-ganz-Erwachten!"

Ich halte zwei duftende Jasminkränze in den Händen. Der brahmanische Tempeldiener nimmt sie in Empfang, erklettert die Riesengestalt und hängt sie dem Tathagata um beide Schultern.

Aus Tibet ist eine Pilgergesellschaft von rostrotgewandigen Lamas eingetroffen, die dem Baum ihre Verehrung darbringen. Monatelang waren sie übers Gebirge gezogen und genießen nun die winterliche Wärme des indischen Tieflandes. Sie füllen jetzt, im

Halbkreise hockend, den halbdunklen Raum an, nicht gerade andächtig, denn ihre Schlitzaugen sind unentwegt auf uns gerichtet; die weißen Fremdlinge interessieren sie mehr als der Tathagata. Sogar ein ungewöhnlich hübsches Mädchen ist darunter, das schwarze Strähnenhaar hängt ihr tief in die breite Stirn hinab. Die hat mir, scheint es, „Maro der Verführer" geschickt, um mich an seine Macht zu erinnern, und es gelingt ihm auch wirklich, mich abzulenken. Unentwegt sieht sie nach dem Fremdling hin ... Der Oberlama leiert seine Mantras ab, sie fallen murmelnd ein. Plötzlich hat er sich versprochen und die ganze Gesellschaft lacht belustigt zu uns herüber, er selber mit.

Das ist ganz charakteristisch. Eine gewisse Heiterkeit gehört zur Grundstimmung der weltverachtenden buddhistischen Religion. Sie ist ja ohne den Weltuntergangsernst des Christentums, ohne die Furcht vor dem Richtergott — er sei denn das eigene Selbst.

> „Atta hi attano natho, ko hi natho paro siya —
> Das Selbst nur ist des Selbstes Herr,
> Wer anders sollte Herr denn sein?!"

Buddhismus ist nicht Gottesfurcht, sondern Selbstfurcht. Ja, sogar der philosophische Humor kommt im Pali-Kanon gelegentlich zu seinem Recht:

> „Wer nichts gehört hat, nichts versteht,
> der altert nur nach Ochsenart,
> sein Bauch wächst immer mehr und mehr,
> doch seine Einsicht wächset nicht."

Das sind Verse aus dem Dhammapadam, der merkwürdigen Spruchsammlung der buddhistischen Mönche. Und auch diese:

> „Wer nicht der Welt entsaget hat,
> noch Geld erwarb, solang' er jung,
> siecht wie ein alter Reiher hin
> an einem fischerstorbenen Sumpf."

Draußen im Sonnenschein liegen zwei Lamas vor dem Baum ihren Übungen ob. Sie sind mit zehntausend Niederwerfungen beschäftigt und rutschen mit beiden lappenbewickelten Händen der Länge nach auf den schon blankpolierten Steinplatten hin. Immer wieder berührt die kahlgeschorene Stirn die alten Fliesen. Wieder aufgerichtet, greift der Mönch die nächste Kugel des Rosenkranzes und zählt die Niederwerfung ab. „Ob du nun mit oder ohne Glauben die Kuh am Horn melkst, Milch wirst du nicht gewinnen", hatte der Buddha einem solchen Frommen entgegnet.

Die Lamas unterbrechen jetzt, sie scheinen ganz erfrischt von ihrer geistlichen Gymnastik und halten mir lachend die Hände zum Tip hin. Ihre weinroten Kutten lassen nackte Arme frei, der eine trägt silberne Schuhe. Sie grinsen vergnügt aus unsagbar häßlichen Gesichtern und erzählen uns etwas in Tibetisch. Auch das gereicht der Buddhalehre zum Ruhme, daß sie diese Barbaren des Nordens so wundersam gezähmt hat.

Lord Curzon, der verständnisvolle Vizekönig, hat das Trümmerfeld rings um die Pagode ausgraben lassen und sogar aus der eigenen, freilich recht weiten Tasche zugezahlt. Viel Schönes ist dabei ans Licht gekommen. Die massigen Steingitter und Steintore sind wieder aufgerichtet worden. Ein Bildhauerwerk von schwarzem Basalt zeigt den Asketen Gotamo im Lotussitz. Hier ist er als der stolze Sproß der Kschattriya-Kaste dargestellt. Denn der Buddha war ja kein Brahmane, sondern entstammte als Fürstenkind der zweiten Kaste.

Die Regierung hat den Pilgern ein geräumiges Rasthaus gebaut. Wir stehen auf der Dachterrasse und überschauen die Ebene bis zu den blauen Bergen. Zur Zeit weilen hier zwei chinesische Wandermönche in gelben Gewändern. Fu-tsching aus Ssetschuan, ein alter Herr und schon gebückt, ist von strahlender Heiterkeit und äußerst gesprächig. Englisch kann er zwar nicht, er erzählt uns dafür desto mehr auf Chinesisch und macht mir sogleich ein kostbares Geschenk: trockene Blätter vom heiligen Bodhibaum, die er mit vollendeter Geschicklichkeit und auf besondere Art in einen Papierbogen einschlägt. So geht man mit Papier wohl nur in China um, seinem Ursprungslande.

Sieben Jahre wollen die beiden unterm Baum verweilen, seit dreiundzwanzig Monaten sind sie schon hier. Dann werden sie die Wanderung nach Süden fortsetzen zum andern Baum nach

Anuradhapura — für die nächsten sieben Jahre. Zeit ist hier nicht Geld, sondern geistiges Wachstum.

Unweit der Pagode liegt ein stiller Teich. Nach der Legende hat sich in seinen Wässern Kanthaka gelabt, das Pferd des Bodhisattva, nachdem es ihn auf der Flucht aus dem Vaterhause in die Heimatlosigkeit getragen hatte. Und hier entließ er das edle Wesen aus dem Tierreich mit dem Segensspruch: „Auch du, Kanthaka, sollst dereinst der Erlösung aus dem Geburtenkreislauf teilhaftig werden, sobald ich erst ein Buddha geworden bin."

Ich wandle noch lange im Bezirk des Baumes umher, betrachte mir die Trümmer und Pagoden der Vorzeit. Es sind kleine Sandstein-Stupas, glockenförmige Male, welche die Asche von Namenlosen umschließen, die hier Nirwana, das Erlöschen, schon bei Lebzeiten verwirklicht hatten, bei denen der Daseinsdurst vernichtet, die „Einflüsse" zum Versiegen gebracht worden waren, und die unerschütterlich wußten: „Entwurzelt ist die Daseinsgier, vernichtet die Verführerin zum Leben, keine Wiedergeburt steht bevor — ucchinna bhavatanha, khina bhavanetti n'atthi dani punabbhavo."

Der Anblick all dieser Stupas bewirkt eine wundersame Stillung des Gemüts, die Wünsche klingen ab, die Unrast der Reise ist unterbrochen, es zieht mich förmlich in den Versenkungssitz hinab ... Wozu noch weiter? Was suchst du so unablässig? Kennst du denn überhaupt dein Ziel?

Doch da hupt das Auto unseres Managers vom Rasthaus, der uns freundlichst begleitet hat (vielleicht von Amts wegen, denn er ist zugleich Agent vom Civil Service). Schon ein paarmal hat er den Arm mit der Uhr gereckt und jetzt drängt er zum Lunch. Für ihn sind das Steine hier, weiter nichts. Morgen früh werde ich wieder hier sein.

Ich hebe mir noch ein Trümmerstück vom Boden auf. Das soll man zwar nicht, steht auf großer Tafel angeschrieben, ganz wie daheim, und darum ist mir schon eine Weile ein barfüßiger besäbelter Turbanpolizist lautlos gefolgt, der nun seines Amtes waltet und eine blanke Silberrupie in die Hand gedrückt erhält. Höfliche Verbeugung und Hand zur Stirn.

Oben an der Freitreppe hockt eine Bettlermenge, graues Volk im grauen Staube. Ganze Familien sind darunter, Kinder und Enkelkinder und hübsche junge Frauen. Ich knipse so ein reizendes Kind, wie sie die schlanke Hand ruhevoll in der gewohnten Geste offenhält und dabei lachend mit der Nachbarin plaudert. Betteln ist ihr Kasten-Beruf, sie tun es mit Würde und nicht ohne Stolz. Ich gebe dem Obmann pauschaliter ein Almosen, wie es diesem Ort entspricht. Er wird es verteilen, aber wie und wo er es wechseln wird, weiß ich nicht.

Die hohe Pagode verschwindet im Staub unseres Wagens. Wieder grüßen stumm die einsamen Bobäume von ihren Steinaltären herüber — wir sausen vorbei. Hier und da hockt ein riesiger Geier im Grau des Lehmbodens, bewegungslos wie ausgestopft. Sie haben die Rayons unter sich aufgeteilt, jeder übt die Gerechtsame aus, und kein Lebewesen darf sich in seiner Nähe zeigen.

Rechts zieht sich das trockene Flußbett der Neranjara entlang, die zu Buddhas Zeiten klares Wasser führte und der Gegend jene Lieblichkeit verliehen haben muß, welche die alten Texte preisen. Heute ist nichts mehr davon zu sehen.

Am nächsten Morgen verweile ich wieder unterm Bodhibaum, sein Laub zittert leise. Das Blatt ist von der Piqueform im Kartenspiel, jedoch mit langauslaufender sichelbogiger Spitze. Es hängt an übermäßig langem Stiel, beim geringsten Windhauch beginnt es zu taumeln, und ohne Aufhören geht ein Flimmern durch den ganzen Baum.

Unsere beiden Lamas sind schon wieder bei der Arbeit. Wenn die Zehntausend voll sind, werden sie befriedigt den letzten Stirngruß machen und zurückwandern nach Tibet, über die Höhen des Cholapasses zwischen den Schneeriesen ihrer Heimat hindurch. Freunde und Verwandte werden dann ihren Erzählungen lauschen von dem Wunderbaum, der still dort unten im Südlande steht.

ENDLICH DIE UPANISCHADEN!

Do you like to visite the Mahant in his palace? fragt mich
jemand. Yes, mit Vergnügen! Im staubigen Dorf von Buddha
Gaya steht der bescheidene Palast, in dem der hohe Hindupriester
des heiligen Buddhabezirks residiert. Die Hindus wachen nämlich
eifersüchtig darüber, daß ihnen der Platz nicht von den land-
fremden nördlichen und östlichen Buddhisten streitig gemacht
werde. Zu ihrer Rechtfertigung haben sie den Stifter ganz einfach
in ihr großzügiges Dogmensystem als Avatara, das ist eine Inkarnation Gott Wischnus, eingefügt. So herrscht äußerlich Friede, und
für Glaubensgezänk bietet sich keine Gelegenheit.

Ein bildschöner junger Brahmane, hochbeturbant, empfängt
uns, er deutet auf unser Schuhwerk, das wir abziehen, und führt
uns hohe Steinstufen hinauf. Mr. S., der Manager vom Rasthaus,
begleitet uns selbstverständlich, betritt aber das Haus unbekümmert
auf den Sohlen vom Fell der heiligen Kuh!

In der offenen Loggia sitzt tief vermummt in einer graugelben
Gewandwolke Seine Heiligkeit der Mahant, nur Brille und Nase
schauen daraus hervor. Er ist ein Shankara carya, einer von den
acht Päpsten der Hindukirche. Es ist kalt heute morgen. Jetzt
streckt er uns die Hände aus dem Gewand entgegen und öffnet sie
zur Schale. Man bringt gezuckerte Milch. Noch wird kein Wort
gesprochen. Schließlich frage ich ihn nach seiner Gesundheit, und
er quittiert mit einem Lächeln. (Das hätte ich nicht tun sollen, denn
Yogis sind — versteht sich — immer gesund!) Der junge Brahmane übersetzt, denn His Holyness sprechen nur Sanskrit und

Hindostani. Als er hört, daß wir aus Deutschland kommen, erheitert sich sein Gesicht, und er fragt nach seinem alten Freunde
Dev-Sen, wie es ihm gehe. „Oh", dämmert es mir auf, „Paul
Deussen — der ist ja schon 1919 gestorben!" Doch Seine Heiligkeit
tadeln meine Aussprache ganz entschieden: Dev-Sen, nicht anders
heißt er im Sanskrit! Das bedeutet Götterheer, Devasena, und
unter diesem pompösen Namen ist unser großer Indologe in Indien
bekannt. (Den Herausgeber des Rig-Veda, Max Müller, nennen
sie anklingend Mokscha-mula, das ist „Wurzel der Erlösung".) Sie
sind sich im Jahre 1893 begegnet, und ich bin hocherfreut, endlich
einen lebendigen Repräsentanten des alten vedischen Indiens vor
mir zu haben.

Was verdanken wir nicht Paul Deussens kostbaren Übersetzungen jener hohen Schriften des Indergeistes! Sie sind ebenso
schön wie wortgetreu. Von Schopenhauer kommend, hat er als
philosophischer Deutscher hier die verlorengegangene Religion
wiedergefunden, den geläuterten, uns allein befriedigenden Gottesbegriff des „Atman's im Herzen". Sein Leben hat er gewidmet,
uns diese hohen Dinge zu vermitteln, und für alle Zeit ist er unser
Mentor geworden.

Nun möchte ich auch etwas von den heiligen Schriften mit
eigenen Ohren hören und bitte den Mahant um die Verlesung eines
Upanischadentextes. Er nickt, und lautlos erscheinen fünf brahmanische Schüler, dunkle geschorene Köpfe, die weiße Opferschnur
um die Schultern. Sie verbeugen sich bis zum Boden, hocken nieder
und beginnen zu deklamieren. Ein singend-näselndes Sprechorchester von unglaublicher Präzision. Es ist wirklich nur eine einzige Stimme. Nasales m beschließt zumeist die Strophe, wie abgehackt. Jahrelang ist das geübt.

Welcher Vedatext das war? Der Mahant lächelt. „Es war
Poesie aus Kalidasa." Den heiligen Veda mag er vor Mleccha-
Ohren wie den unsrigen, das heißt vor Nichthindu-Ohren nicht ertönen lassen. Schließlich läßt er sich auf meine wiederholte Bitte
doch dazu herbei, und nun erklingt sie zum erstenmal, die Königin

der Sprachen, das heilige Sanskrit in herrlichen Versen aus drei Upanischaden:

ashariram sharireshv - anavasteshv -
den Nicht-   in den Körpern,   im Unbeständigen
Körperhaften

avastitam mahantam vibhumatmanam
den Beständigen,   den großen   alldurchdringenden Atman

matva dhiro na shocati.
schauend, der Weise nicht sich sorgt.

In Deussens Übersetzung:

> „In den Leibern den Leiblosen,
> Im Unsteten den Stetigen,
> Den ATMAN, groß, alldurchdringend,
> Schaut der Weise und grämt sich nicht."
>
> (Kathaka-Upanischad)

„Er, der Atman, ist nicht so und ist nicht so; er ist ungreifbar, denn er wird nicht gegriffen, unzerstörbar, denn er wird nicht zerstört, unhaftbar, denn es haftet nichts an ihm, er ist nicht gebunden, er wankt nicht, er leidet keinen Schaden." — „Was von ihm verschieden, ist leidvoll — Ato 'nyad artam."

> (Brihadaranyaka-Upanischad)

Zum Schluß noch ein Vierzeiler aus der Bhagavadgita:

ye hi sangsparshaja bhoga
dukkhayonaya eva te,
adyanta-vanta, Kaunteya,
na teshu ramate buddha.

Was auch aus Berührung für Lüste entstehen,
sie sind Leidensschösse;
ihr Wesen ist Kommen und Gehen,
in ihnen ergötzt sich der Weise nicht.

Und Mr. S. vom Rathause sitzt dabei und paßt wie ein Luchs auf, ob nicht etwa ein politisches Wort fällt.

Der Mahant läßt sich die Huka kommen, die lange indische Tonpfeife, er schlägt jetzt sein Gewand zurück und beginnt zu rauchen. So bekommen wir sein typisches Priestergesicht ganz zu sehen. Er ist ziemlich hell von Haut und sieht eigentlich wie ein süditalienischer Kanonikus aus. Wie gleichmäßig doch die Gottheit ihre Sachwalter physiognomiert!

Zu den Dingen, die ich mir vor allem in Indien zu sehen wünsche, gehört ein vollkommener Yogi, ein Wald- oder Höhlenasket, der mit dem höchsten Wissen begabt ist. Hier, denke ich nun, bist du an der rechten Quelle, der Mahant wird dir eine Adresse geben. Aber wie ich danach frage, deutet unser junger Dolmetscher mit verbindlichem Lächeln auf den Meister hin: Ich hätte ja einen solchen eben vor mir, His Holyness sei „a perfect Yogi"... Nun, da ist nichts zu machen. Weiteres Fragen wäre unhöflich.

Zum Abschied hält er uns wieder die geöffnete Händeschale hin. Dies ist, wie ich jetzt erfahre, der sakrale Gruß, den sie für den Nicht-Hindu bereithalten, und er will ausdrücken: Mögest auch du, Fremdling, dereinst im Kreislauf der Geburten zum Gefäß werden für Bodhi, die Erlösende Erkenntnis!

Unten im Hof frage ich unsern jungen Begleiter nach dem Namen des Mahant, er nennt aber nur seinen eigenen wohlklingenden Titel: Goschwami. Den Namen seines Gurus (Lehrers) darf er nicht aussprechen.

Mit dem „Wort" sind die Brahmanen sehr empfindlich. Es soll vorgekommen sein, daß gelehrte Pandits unsern Indologen heilige Texte, die sie nicht mitteilen durften, zusammenhangslos ausgeliefert haben, täglich nur wenige Worte, inmitten profaner Rede gesprochen. Erst nach Wochen war es heraus. Wie ein Fabrikdieb, der Maschinenteile einzeln herausträgt und sie wieder zusammensetzt. Relata refero. Die Gottheit sollte es nicht merken.

Gaya Kuta bei Buddha Gaya

Skulptur von Sandstein, Buddha Gaya    Brahmanische Hirten, Gaya Kuta

Bhagavan Sri Ramakrischna Paramahangsa
1836 — 1886

DIE BAJADERE

Die Portugiesen haben das Wort aufgebracht; baladeira heißt
Tänzerin. Diese Mädchen, die es in ganz Indien gibt, heißen aber
nicht Bajaderen, sondern Naatsch. Ihre Tänze sind ernster
Natur, und die Mädchen stehen in hoher öffentlicher Achtung.
Heute nacht in Gaya sollen wir eine in ihrer Wohnung erleben.

Auf langer Sitzrolle lassen wir uns an der Wand nieder. Eine
Petroleumlampe brennt. Nach langem Warten erscheint endlich
die Naatsch, ein neunundzwanzigjähriges, ziemlich reizloses Weib,
sie trägt ein langes Gewand, unter dem nur die nackten dunklen
Füße hervorschauen. Drei Musiker hocken nieder, Flöte, Kniegeige
und Handtrommel. Lichter werden gebracht. Sie stellt einen großen
Blechkasten vor sich hin und entnimmt ihm umständlich grüne
Blätter, Korallenkalk und Gewürz, das berühmte Pansupari, die
Gastofferte Indiens. „Hä", sagt sie und bietet mir das grüne Blatt
an. Ich danke aber für den Leckerbissen, und so schiebt sie sich das
gerollte Blatt selber in den Mund. Dann kommt jemand, der den
unpraktischen Blechkasten wieder fortstellt. Endlich beginnt die
Fingertrommel leise zu tönen. Ein fader Saitenton gesellt sich
hinzu, und das Mädchen kommt langsam in Bewegung. Ihre Augen
schließen sich, die Bewegungen hören auf, und sie steht da wie in
Gliederstarre. Jetzt beginnt sie näselnd zu singen, öffnet die Lider
halb. Es ist ein Liebeslied in der klangvollen weichen Urdu-
Sprache ... immer wieder fällt es die Tonleiter hinab. Dann ver-
stummt es wie abgehackt; sie wiegt Hüften und Bauch und nun
geschieht das Eigenartige des Naatschtanzes: Ein unwahrscheinliches Kopfrücken, ein Kunststück mit dem Hals. Der unbewegte
Kopf setzt sich plötzlich ein Stück nach rechts, nach links; es ist wie

eine Enthauptung, wie wenn das Eisen des Henkers dazwischen-
führe.

Jetzt verharrt sie in Ruhe, der Rumpf steht schief wie ein
krummgewachsener Baum... die Hände tanzen an schlanken
Unterarmen, ein Zeigefinger deutet ins Leere. Dann wieder tanzen
schmale Finger in feinen Biegungen. Nun flattern die Hände.
Dabei steht der Körper starr wie ein Leichnam, auf nackten Füßen,
den Blick ins Weite gerichtet...

Ich begreife jetzt die Bronzen von Madras. Unserm Auge erscheinen sie anatomisch falsch, unnatürlich steif und verzogen.
Aber wie stimmen sie mit der Natur dieser Menschen überein, die
uns auch äußerlich so fremd sind wie innerlich!

Dann singt die Naatsch wieder und wieder, Kopfrücken und so
fort. Die Sache wird langweilig, denn das Weib ist weder schön
noch liebenswürdig. Als wir aufbrechen, gibt es noch einen Lärm
um das vereinbarte Honorar von 10 Rupien, und dann sind wir
draußen und zufrieden, auch so etwas gesehen zu haben.

Für 100 Rupien hätte sie sich mehr Mühe gegeben. Ich erfahre,
daß die Tänzerinnen sich den Tanz mehrfach so hoch bezahlen
lassen als gewährte Liebesfreuden.

DER GEIERBERG

Die blauen Berge des Horizonts sind heute unser Ausflugsziel.
Das Auto humpelt in den trockenen Lehmspuren von kleinen
Ochsenkarren, die vereinzelt wie Schnecken durchs Land kriechen.
Von der Einsamkeit dieser Landschaft macht man sich keinen
Begriff. In der Ferne spärliche Äcker. Unsere Staubwolke ist den
Hirten das Signal von etwas Außergewöhnlichem, und schon von
weitem sehen wir die weißen Punkte ihrer Lendenschurze durchs
Grau angelaufen kommen. Dunkle Jungens, geschorene Lang-
schädel, die Schnur hängt ihnen über der Schulter, es sind arme
brahmanische Kuhhirten. Die kleinen Rinder sind halb verhungert
und ganz erbärmlich anzusehen. Auch sie von der Farbe des Lehms.
Ein regenloses Land! Welch Glück, daß wenigstens einzelne Baumriesen dastehen, denn außer deren Schatten finden Mensch und
Tier wohl kaum etwas Lebensgenuß. Mir fällt das Buddhawort
ein, das Menschendasein mit einem solchen breiten, schattenspen-
denden Baum auf sonnendurchglühter Ebene vergleicht, unter dem
sich's wohl sein läßt; Gespensterreich hingegen einem dürren
Bäumchen, dessen Schatten nicht hinreicht. Tierreich ist noch
jammervoller, ein ganz schattenloses Land …

Indien hält seine Rinderherden zu Ehren der Götter, vierund-
zwanzig Millionen Stück Vieh. Die Hälfte des Jahres hungern die
Menschen mit ihren Tieren, die regenlose Zeit ist schrecklich.
Regen, Regen, das einzige Problem Indiens!

Spärliche Anpflanzungen, dort ein graues Gehölz, versengte
Palmensterne stehen in der Luft und dunkles Mangolaub. Ein
Steingitter aus uralter Zeit. Wir halten am Fuß des Gebirges —
ein granitener Schutthaufen von riesenhaftem Ausmaß liegt es da,
Block auf Block, eine Eiszeitmoräne.

Dies ist der Gaya kuta, der Geisterberg von Uruvela, wo der Große Asket Gotama dem schwersten Yoga obgelegen hatte, übermenschlichem Willens-Training; bis er erkannte, daß solches nicht zum Ziele führe, nicht „cetovimutti", die vollkommene Geisteserlösung bringe. Und hier mag es gewesen sein, daß eines der ganz großen Gleichnisse in seinem Geiste aufgestiegen war, das Gleichnis von den drei Treibhölzern: von denen eines im Wasser schwimmt, das andere am Strande trocknet und das dritte ausgetrocknet in der Sonne liegt. Und er verglich das erste dieser Hölzer mit dem gewöhnlichen Menschen, der in den Lüsten schwimmt und von ihnen ganz und gar durchnäßt ist; das zweite mit dem Yogi, der zwar den Erlösungsweg schon beschritten hat: solange ihn aber noch ein Rest von Begehren und Sinnenfreude durchfeuchtet, ist er fern vom Ziel. Erst wenn er ist wie das dritte Holz, wenn alles Begehren in ihm ausgetrocknet ist, kann Erkenntnis aufflammen, so wie sich nur aus ganz trockenem Holze das Feuer herausreiben läßt.

Ich hebe einen rundgewaschenen Stein auf. Er hat zu jenen Zeiten schon hier gelegen, zweieinhalbtausend Regenzeiten sind über ihn hingegangen und haben ihn verringert — der Stein hat sich verändert, der Gedanke nicht.

Hirtenjungen kommen herbeigelaufen und betrachten, auf lange Stäbe gestützt, die drei hellen Wesen aus der andern Welt. Mr. S. fragt sie aus. Ich höre heraus, daß vom Scher die Rede ist, und ihre braunen Arme zeigen in die schwarzen Spalten des Gesteins hinauf. Scher, so weiß jeder Reisende, heißt Tiger, und ich frage unseren Begleiter: „Oh yes, there lives a lot of tigers here in the caves." „Have you a revolver?" „No." — „Have you?" „No." Lachen, die Shagpfeifen werden angezündet und der Entschluß gefaßt, nicht viel höher zu steigen und bei den Höhlentempeln umzukehren.

Ich blicke hinauf. Wirklich, diese Moräne erweckt den Eindruck einer riesigen Raubtierstadt mit zahllosen Quartieren. Die Hirten berichten weiter: Erst vor wenigen Stunden, am gestrigen Abend, hat ein Tiger ihren größten Bullen gerissen.

Nun ist es mit der Ruhe der Gefährtin vorbei! Überall sieht sie Tigerspuren, und Tigerdreck in jedem harmlosen Büffeldreck. Erst als wir endlich vor dem schwarzen Loch des Felsentempels stehen, ist sie etwas erleichtert.

Wir treten ins Dunkel ein. Geruch von Ziegen. Die schwarzen Granitwände sind spiegelblank poliert. Brennten doch Lichter hier, das gäbe einen Glanz! Sonst ist es leer, keine Nische, kein Lingam, nur Ziegendung halbmeterhoch. Auch dieser Tempel ist, wie so viele indische, nie fertig geworden. Wie viele Hände mögen hier gemeißelt und gerieben haben, wie viele Eisen stumpf geworden sein — schließlich bezogen die Vierbeiner das Quartier, und in Jahrtausenden wird's ihnen niemand kündigen ... Ich streiche die glatten Wände mit der Hand ab.

Nun drängt aber die tigergeängstete Gefährtin sehr energisch zum Aufbruch, hinab zur sicheren Burg unseres Autos, das winzig und verlassen da unten im Sonnenbrande schmort. Nur keine Panne jetzt! Aber der Motor springt brav an und wir lassen Berge und Hirtenjungens in der Staubwolke zurück.

BENARES

Kaum jemals habe ich so gefroren wie während der Nachtfahrt im Benares-Expreß. Um ein Uhr früh kommen wir an, der Bahnhof schläft, kein Wagen ist zu finden. Der Bahnhofsmeister bietet kalte Korbliegestühle zur Nachtruhe an. Vielen Dank! Schließlich hat er telefonisch ein kleines Hotel erreicht, und das schickt ein altertümliches Wägelchen her. Achtung, daß nicht der Fuß in die Speichen des Riesenrades gerät, die Reise müßte sonst abgebrochen werden! Es ist bitterkalt und der Sternhimmel blitzt in unbekannten Bildern.

Schön ist das Gefühl, unterm Moskitonetz in Benares aufzuwachen, schöner noch der erste Schritt in den morgendlichen Hotelgarten. Wir frühstücken im Schatten eines Riesenmangobaumes. Dudeltöne. Zwei Gaukler hocken am Boden und entlassen dicke, giftige Tic polongas, Kobraschlangen, aus bauchigen Tontöpfen. Die Schlangen richten sich auf und ihre Köpfe schießen nach der Hand des Mannes. Der hat sie aber noch schneller zurückgezogen. Jetzt springt ein schwarzes Wiesel aus dem Sack — der Mungo, der Todfeind der Tic polonga. Die Schlange faucht entsetzt und greift sofort an. Doch der Mungo packt sie mit unbegreiflicher Schnelle im Genick und zerbeißt ihr den Kopf zu einem blutigen Brei. Ihr langer Leib peitscht durch die Luft, dann schlägt er hin und rührt sich nicht mehr. Jetzt streicht der Mann der Schlange den Rücken entlang, ein bis zwei Minuten, sie fängt wieder zu kriechen an und muß in den Topf zurück.

Zwei andere Gaukler treten auf. Einer stellt eine Bambusstange auf, der andere erklettert sie wie ein Insekt, und oben angelangt streckt er alle Viere von sich, auf der Spitze in der Magengrube balancierend.

Inzwischen ist das Frühstück beendet und der letzte Schluck tintenschwarzen Tees genommen. Das altindische Gefährt mit den zwei Riesenrädern ist schon wieder da und es geht zur Stadt hinunter. Wir überholen zwei Männer, die an dickem Bambusstamm einen tücherbehängten Kasten tragen. Der Kasten schaukelt. In seinem Dunkel hockt der Tod. Sterbende und unheilbar Kranke lassen sich aus den fernsten Provinzen Indiens herantragen, um in der heiligen Stadt auf den Einlaß in Schiwas Paradies zu warten; denn wer in Benares stirbt, kommt direkt in den Himmel.

Ein nackter Büßer läuft aschengepudert durchs Straßengewirr. Sein Haar ist ein gelber Teigklumpen von Asche und Öl. Der Messingkessel an seinem Arm enthält Gangeswasser. Ein graues Läppchen Leinwand dient ihm als Feigenblatt. Luftbekleidet nennt man diese Männer oder es heißt: „Ihr Gewand sind die vier Himmelsrichtungen." Man redet sie mit Saadhu oder Baba an. Manche sind vollendete Yogis, das heißt Meister der Körperbeherrschung, zumal der inneren, des Atmens. Die meisten dieser Leute hier im Großstadtgetriebe machen freilich den Eindruck gewöhnlicher Bettler.

Da unten ist der Strom! Grünlichgelbes Wasser. Das Ufer drüben — das unheilige — ist nackter Sand.

Auf breiter Ruderbarke treiben wir stromabwärts langsam an der heiligen Stadt vorbei. Hohe Sandsteinpaläste geben dem Ufer ein großstädtisches Aussehen. Es sind Bauwerke geldmächtiger Fürsten auf dem ungünstigsten Baugrunde. Mancher Steinriese ist in den Strom abgesunken, er neigt sich, und schon umspült das Wasser das untere Stockwerk.

Weite Freitreppen führen zum Fluß hinab — die Ghats. Es ist kalt heute morgen, und die Brahmanen tun ihr Morgenbad kurz ab. Sie stehen bis zum Nabel im heiligen Element, die Hände zum Pranam an die Stirn gehalten. Diese Menschen machen einen sehr frommen Eindruck. Manche sitzen still im Lotussitz (padmasana) auf der Steintreppe, andere üben den Atemstillstand aus. Mit dem Finger drückt der Meditierende jeweils ein Nasenloch zu, er atmet scharf aus, zieht dann tief ein und drückt beide Löcher fest zu. Der Brustkasten wird so zum „steinernen Topf".

Langsam ziehen wir an all den Männern vorbei, niemand beachtet uns. Auf einem Steinsockel sitzt ein Saadhu im Lotussitz, ein bärtiger Mann, beinahe nackt. Seine Augen sind geschlossen, sein Atem ist nicht mehr wahrzunehmen. Der Mann könnte ebensogut bemalter Stein sein — nur daß der Wind in seinem Haar spielt... Er scheint tief in Samadhi versunken, so gleicht er der Schildkröte, die alle Organe in sich eingezogen hat. Zugleich mit dem Atemstrom hat er den Strom des Denkens angehalten, cittavrittinirodha. So erreicht er in tiefer Geistesruhe ekagrata, die „Einspitzigkeit". Wer das kann, so heißt es, der besitzt den Schlüssel zu den Kraftreserven des Weltalls. Der vollendete Yogi beherrscht alle seine Lebensfunktionen, auch die unbewußten. So erwirbt er unerschütterliche Gesundheit, besser gesagt Krankheitslosigkeit; er ist kein „Kripana" mehr, kein „Notweiliger", er ist ein Freier geworden, ist den Übeln der Welt entronnen, er kann sein Leben nach Belieben verlängern und „selbst beim Weltuntergang gerät er nicht in Not" — wie es in den alten Yogasutras heißt.

Yoga wirkt wie der Glaszylinder auf der Öllampe: Die flackernde qualmende Lebensflamme brennt nun starr, hell und rauchlos — eine gebändigte Flamme.

Der Yogi kehrt das Verhältnis von Herrn und Diener um. Von Natur ist der Intellekt der Diener der Willenstriebe. Diese zufriedenzustellen ist er unablässig und treu bemüht; hier liegt des Leidens Wurzel, die Unfreiheit. Im Yoga springt der Diener dem Herrn auf die Schultern und dirigiert ihn fortan; dieser muß nun tun und lassen was jener befiehlt. So hat der Geist die Kräfte in der Gewalt — der Yogi ist König über sich selbst und frei.

Nicht Freiheit *des* Willens, sondern frei werden *vom* Willen — darauf kommt es dem Yogi an. Und damit erhebt er sich zum höchsten Typus des Menschen, ja der Natur überhaupt. —

Es riecht nach Holzfeuer und dort über dem Podest, dem wir uns nähern, steigt Rauch auf — die Hindus verbrennen ihre Toten. Unsere Barke hält dicht davor. Da liegt der Gestorbene auf den Scheiten, weiß eingehüllt, noch unversehrt von der Flamme. Der Holzstoß ist kurz und die blassen Füße stecken daraus hervor.

Zwei Männer schüren das Feuer mit langen Bambusstäben. Die breite Steintreppe hoch hocken stumm die Angehörigen und sehen dem letzten Schauspiel zu, das ihnen der Tote gibt. Und über die untersten Stufen, die ins Wasser führen, liegt festgeschnürt auf der Bambusbahre ein anderer Leichnam in roter Umhüllung — eine tote Frau. Ihre Füße umspült der heilige Strom.

Am nächsten Ghat lodern die Flammen hoch in den trüben Tag hinein, und jetzt riecht man es auch, daß hier nicht nur Holz verbrennt. Das Gewand ist längst fort und nur die blassen Fußsohlen ragen, noch unversehrt, schauerlich aus dem Glutengrabe heraus. Die Männer stoßen jetzt mit Bambusstangen hinein, es prasselt hoch ...

So geht es Tag für Tag, Stunde für Stunde, niemals feiert der Toten-Ghat. Immer liegen schon die nächsten da, warten aufgeschnürt auf ihrem letzten Bett.

„Die Körperlichkeit, ihr Mönche, kann man von der etwa sagen: Das bin ich, Das gehört mir, Das ist mein Selbst? Wäre, ihr Mönche, der Körper das Selbst, so müßte man von ihm bestimmen können: So soll er sein, so soll er nicht sein ... Diesen Körper aber beschleichen Alter, Krankheit und der Tod: folglich *kann* er nicht das Selbst sein." (Buddha.)

Endlich um elf Uhr mittags besiegt die Sonne den trüben Tag, und es wird warm. Nein, gleich heiß. Wir rudern unter der großen Moschee des Aurang-Zeb vorüber. An ihrer Stelle stand einst der berühmte Wischnutempel, den der unduldsame Islamitenkaiser bis auf den Grund zerstörte. Die hohen nadelspitzigen Minarette schwanken bedenklich im Himmelsblau, man erwartet ihren Absturz in den Strom.

Unsere Barke wendet jetzt und zieht mit leisen Ruderschlägen noch einmal an allem vorbei. Unbestimmbare Dinge schwimmen vorüber, schwarze blasige Klumpen und verkohltes Holz.

Die Wärme hat jetzt mehr Badende in den Strom gelockt, sie stehen in Scharen aufrecht im Wasser vor den Stufen ihrer Ghats und halten über dem Kopf die Hände zum Gebet aneinander. Der weiße Faden, die heilige Schnur, zieht sich über wohlgebaute braune

Männerbrüste hin. Bei den alten Herren wirkt die Behaarung auf der dunklen Haut wie Seifenschaum.

Streng sind die Ghats nach verschiedenen Sippen gegeneinander abgegrenzt. Hier oben baden die vornehmsten Familien, weitab vom leichen- und aschenverunreinigten Wasser der unteren Stadt. Sie nennen sich Gangaputra, Söhne des Flusses, und ihre Sippen sind die Asse, Dube, Patek, Tschauwe und andere.

Varanasi ist der eigentliche Name dieser ältesten Stadt der Welt, auch Kaschi wird sie genannt, welches ihr heiligster Name ist. Der Strom fließt nach Norden an ihr vorbei, den Gebirgen seines Ursprungs zu, nur einen Moment lang. Sein linkes Ufer liegt somit der aufgehenden Sonne gegenüber, wo sie von Tausenden in den Fluten stehender Menschen täglich anbetend begrüßt wird.

Die Barke legt an, der Diener springt an Land und winkt mir, allein mitzukommen. Ich steige unbequeme Treppen hinauf und stehe wieder einmal vor einem Tempel — was könnte es auch sonst sein! Aber diesmal ist es ein besonderer, einer von Holz. Der Tempeldiener deutet mit langer Bambusstange auf die Figuren des geschnitzten Frieses. Auch das ist Religion! Amüsant, aber nicht gerade zum Beschreiben. Nur überschwängliche Sinnlichkeit konnte als ihren Gegensatz das asbestreine Denken im Yogitum hervorbringen. Der Weltgeist gefällt sich in Kontrasten. Nur aus Höchstem geht Höchstes hervor, aus der stärksten Weltbejahung die restlose Weltaufhebung. Das ist Indien, das keine Halbheiten kennt und kein Philistertum! Just in dieser Minute muß unten ein Boot mit Hindustudenten vorbeifahren. Die sehen die Missis da unten einsam auf dem Fluß warten, oben den Master ins Studium der skandalösen Bilder vertieft, und lautes Gelächter schallt über den Ganges hin. Das ist das neue unbeschwertere Indien!

Wir sind in die Stadt zurückgekehrt. Ein Badeteich unter Bäumen. Betende stehen andächtig im Wasser. Unweit davon betreten wir den Bezirk Hanumans, des affengestaltigen Gottes. Seine lebendigen Lieblinge besitzen diesen Tempel hier, mit schönem Hof und Bäumen ringsum. In Scharen kommen sie angesprungen, als wir uns mit Tüten in der Hand sehen lassen, die weißliches Gebäck enthalten. Schwups! Da ist sie mir schon aus der Hand geschlagen. Die Gefährtin ist mit dem Auslachen noch nicht fertig, da fliegt auch ihre Tüte im weiten Bogen und die Körner prasseln auf die Fliesen nieder — Hanumans Erben machen keine langen Phrasen. Wir begreifen: Hier spielt der Homo sapiens nur die zweite Rolle.

Eine Hindufamilie aus Madras ist angekommen. Der Sahib, ein sorgfältig gekleideter Herr, hebt eben die Hände zur Stirn, die steinernen Affenbilder anzubeten — da greift ein graues Tierchen vom Gesims herab nach seinem bildschönen hellblauen Madras-Turban und hops! ist es weg damit, auf die Pagode hinauf und hängt ihn irgendwo an einer Verzierung auf. Alles lacht wieder — das ist amüsanter Gottesdienst hier.

Jemand legt uns weiße Jasminkränze über Brust und Schultern und wir genießen den süßen Duft. Die Affen jagen sich und kreischen, die Menschen beten kniend an und die Sonne brennt so heiß auf das rotsandsteinerne Höfchen mit den unübersehbaren Steinschnitzereien ...

Inzwischen ist ein Tempeldiener die Pagode hinaufgeklettert und hat den Turban zurückgebracht. Der Besitzer geizt aber mit dem Tip und es erhebt sich ein Skandal. Der Oberpriester muß vermitteln und der Sahib nochmals in die Tasche greifen.

Dort am Steinpfahl unterm Pavillon bemerken wir, wie Hunde eine Blutpfütze auflecken. Hier allerdings hört der Humor auf. Dies ist der düstere Aspekt der Gottheit; denn die Blutpfütze ist vom Morgengruß des Tempels an die Göttin übriggeblieben. Durga nämlich, die Schwer-Zugängliche, Grausige, Bluttrinkende, ist Hausherrin hier, und allmorgendlich mit Sonnenaufgang vollzieht der Oberpriester das Opfer an einer lebenden Ziege. Sie wird mit dem Gehörn an den Pfahl gebunden und mit einem einzigen Schwertschlag enthauptet. —

Wir stehen auf dem Balkon eines Handelshauses, unten die enge Straße, gegenüber wieder ein Tempel, frisch und weiß anzusehen wie Konditorwerk. Golden blitzt der Kuppelaufsatz im Mittagslicht. Die Menge der Turbane und bunten Saris — Frauengewänder — strömt am Portal vorüber. Eben will eine Frau hinein, aber zugleich betritt eine helle Kuh die Schwelle. Die Frau weicht also ehrerbietig aus und läßt der Gehörnten den Vortritt. Die holt sich ein paar Blumen von den Altären und kommt behaglich käuend zurück. Ihre schön geschwungenen Hörner sind rot und grün bemalt in den Farben der Götter. Welch gutes Karma haben doch diese Kühe!

Die Menge staut sich, eine Sänfte hat den Weg verstopft und eine schwarzverhüllte Frau entsteigt ihr. Man sagt uns, es sei die Maharani, eine fürstliche Frau. Sie muß durch ein Spalier von Bettlern hindurch. Zwei prächtige weiße Buckelkühe treten gleich nach ihr ein. Beim Verlassen des Tempels küßt eine Frau die nasse Steinschwelle des Portals, die eben frisch gesprengt wurde.

Wir wenden uns zurück in die Kühle des dunklen Zimmers, wo inzwischen der Kaufmann Brokate ausgebreitet hat. Gold in Rot gewirkt, Gold in Rosa und Grün, Rosa in Silber, goldene Pfauen auf azurblaue Seide gestickt — ich, der Erzfeind aller Deckchen und Handarbeiten, stehe gebannt vor so viel Schönheit, und der Gefährtin bleibt der Atem weg. Stumm greifen ihre Hände Tuch nach Tuch. Aufregend ist dieses Auswählen, denn immer Neues, immer Erstaunlicheres kommt aus den Truhen hervor. Dabei wird kein Wort gesprochen, kein Schritt gehört. Das ist wie aus Tausendundeiner Nacht, wie in Allaeddins Zauberberg. Neunundfünfzig Rupien lassen wir schließlich zurück, und ein Turban verneigt sich tief.

Unter Bäumen auf sonnigem Platz steht der Brunnen der Weisheit von Menschen umlagert. Ein Trunk aus seiner Tiefe verspricht alle gewünschten Geistesgaben. Ich trete an das Loch heran, schrecke aber vor dem Gestank zurück, der ihm entströmt, denn er ist das Grab unzähliger Jasminblüten, die von frommen Händen hineingeworfen, darin verwesen.

Wir besuchen den schmalen Garten des Vedantisten und Heiligen Swami Bhaskarananda und verweilen unter den dunklen Bäumen, in deren Schatten er in Frieden wandelte und seinen Kommentar zu den Upanischads schrieb. Der Swami hatte nämlich als ein echter Sannyassin — welches Wort „Abwerfer allen Besitzes" bedeutet — das Gelübde vollständiger Nacktheit abgelegt und war somit an sein Heim gebunden; denn die Polizei verlangt auf der Straße zum wenigsten ein Läppchen Feigenblatt. Man zeigt uns die Hütte, darin er auf spärlichem Strohlager sommers und winters zur Nacht schlief. Was der vollständige Verzicht auf Kleidung hier bedeutet, das können wir nach unseren kalten Nachtfahrten ermessen.

Paul Deussen hat den Heiligen 1892 besucht und rühmt dessen Aufgeschlossenheit ihm, dem Vedakundigen gegenüber; während Seine Hoheit der Maharaja, der unseren Indologen bei ihm einführte, recht herablassend behandelt wurde, seinerseits aber mit Ehrfurchtsbezeugungen an den heiligen Brahmanen nicht sparte. Ein marmornes Konterfei zeigt heute den nackten Büßer in Lebensgröße, so wie er vor anderthalb Jahrzehnten im Lotussitz in die Todlosigkeit eingegangen ist in seinem 108. Lebensjahr. Wie es vom Heimgang des Vollendeten heißt: „... na tasya prana utkramanti—brahma eva san, brahma apyeti ... dessen Lebensgeister ziehen nicht aus (zu neuer Wiederverkörperung), sondern Brahma ist er und in Brahma geht er auf." —

Soll ich alle die Tempel beschreiben, die wir noch sahen? Es ermüdet. Und auch wir sind schon müde vom Durcheinander all der schönen Dinge und all des krausen Zeuges, welches Cittam, Bewußtsein, an diesem Vormittag hat aufnehmen müssen. —

Bei jedem Gange durch die Stadt begegnet man Leichenzügen. Da gehen sie wieder vor uns: Vier Verwandte tragen die Bambusbahre hoch auf den Schultern. Der junge Tote liegt jasminbekränzt offenen Gesichts friedlich da. Der Tod hat ihm die Augen tief zugedrückt und das braune Gesicht gebleicht. Zum letztenmal bescheint ihn das Sonnenlicht. Nach vier Stunden wird man seine Asche in den Ganges fegen. Beträgt doch das menschliche Durchschnittsalter in Indien nur zweiunddreißig Jahre!

Merkwürdig mutet uns die Tatsache an, daß die frommen Yogis in einer ganz gottlosen Philosophie ihr Fundament haben, dem Samkhya-System. Das Weltganze besteht danach aus zwei grundverschiedenen Prinzipien: Den zahllosen ewigen Einzelseelen einerseits (puruscha), und der ewigen ausgebreiteten Natur andererseits (prakriti), in welche die Seelen zum Leiden verstrickt sind. Im Yoga werden die beiden voneinander gelöst und die Seele befreit sich. Die Prakriti ist dabei ihrerseits tätig und bemüht sich von Ewigkeit her, den Seelen aus ihrer Verstrickung herauszuhelfen — mit deren Erlösung sie sich schließlich selber zur Ruhe bringt. Eine schwierige Rechnung!

Gott ist hier nicht nötig, ja unbrauchbar, und wird als Fiktion geradezu perhorresziert. Hingegen sind wohl nur die Geistigsten imstande, ein solches System auszuhalten, und so haben die meisten Yogis schließlich doch so etwas wie einen Gottesbegriff, wenn auch einen sehr unpersönlichen.

Die große Sekte der Jainas gar ist von so unbeugsamem Atheismus, daß ihr angesichts des Weltleidens die Annahme eines Schöpfers als schweres Heilshindernis gilt. Die Mönche dieser Lehrordnung üben die strengste Askese, manche tragen zeitlebens wie die Operationsärzte einen Gazeschleier vorm Gesicht, um nicht auch nur durch Einatmung kleinster Lebewesen deren Tod zu verursachen. Da sie den ganzen Nahrungsvorgang der Wirklichkeit gemäß als Gewalttat erkennen, ist der Entschluß zum freien Hungertode in diesem Orden von höchster Preiswürdigkeit.

Auch Mohandas Gandhi ist ein Jaina. Seine politische Methode der „Gewaltlosigkeit" (ahimsa) und sein weltberühmtes „Fasten bis zum Tode" muß von hier aus betrachtet werden. In ihm offenbart sich die heute so unvermutete Macht der Sanftmut, die schon einmal Weltgeschichte gemacht hat; an die man nicht mehr glauben mochte, und die dem hochstehenden alten Kulturvolke Indiens heute noch innewohnt.

Gestern wollten wir ein Jain-Heiligtum besuchen, wurden aber am Portal schroff zurückgewiesen, so daß uns nur ein kurzer Blick in die marmorne weiße Pracht vergönnt war, was uns schließlich auch genügte. Der erste Fall von Intoleranz, den wir auf dieser Reise erfahren — aber es ist doch vielleicht etwas anderes. Mahavira lehrt nämlich, daß drei Viertel dieser Welten

158

Die große Stupa von Sarnath

Naatsch-Tänzerin

Fuß eines Tempelmädchens
(devadassi)

mit unreinem Seelenstoff, den pudgalas, angefüllt seien. Diesen abzustoßen ist der Zweck des Reinheitslebens im Orden. Und deshalb mag man Landfremde, d. h. mit solchen pudgalas ganz und gar geladene Seelen, ins reine Haus nicht einlassen ...

Unreiner Stoff, er trübet das schöne Seelenbild,
drei Viertel dieser Welten sind damit angefüllt.

SARNATH

Der Ort, wenige Meilen von Benares entfernt, hieß früher Isipatana. Er ist nach Buddha Gaya der heiligste der östlichen Welt, denn hier war es gewesen, daß der große Schweiger nach seiner Erleuchtung, die er unter dem Feigenpappelbaum errungen hatte, zum erstenmal den Mund auftat:

„Odahata bhikkhave sotam: amatam adhigatam — Leihet Gehör, ihr Mönche: Das TODLOSE ist gefunden!" Und er legte zum erstenmal die Lehre vom Leiden dar und von der Leidensvernichtung, setzte das Rad der Lehre ins Rollen.

Zum ewigen Gedenken ragt eine riesenhafte, kalkhelle Stupa zum Himmel, groß wie ein Wasserturm. Eine ganze Mönchstadt war hier entstanden. Wir gehen im Ausgegrabenen herum, backsteinerne Zellen liegen wie Keller tief unterm Schutt der Zeiten. So klein sie sind, mögen sie doch genügt haben, der sechs Sinnesgebiete Untergang darin zu verwirklichen.

„Wenige Wesen gibt es, ihr Mönche, die das Land bewohnen, und viel mehr, die im Wasser wohnen — wenige, die zu menschlichem Dasein geboren werden, und viel mehr, die zu nichtmenschlichem geboren werden — wenige, denen der Anblick des Vollendeten Buddha zuteil wird, und viel mehr, denen er nicht zuteil wird — wenige Wesen, die diese Lehre zu hören bekommen, und viel mehr, die sie nicht zu hören bekommen — wenige Wesen, die vom Erschütternden erschüttert werden, und viel mehr, die vom Erschütternden nicht erschüttert werden — wenige Wesen gibt es, die den Geschmack der Erlösung erlangen, und viel mehr, die den Geschmack der Erlösung nicht erlangen — DEN GESCHMACK DER ERLÖSUNG, ihr Mönche, möget ihr erlangen, strebet ohne

Unterlaß — apamadena sampadetha!" (Anguttara-Nikaya I, die letzten Worte des Buddha.)

Nicht lange hatte es Bestand gehabt, nur wenige Jahrhunderte, dann war die Saat des Buddhawortes aus Indien hinausgeweht worden in die Länder des Ostens und Nordens. Dort ist es mächtig aufgegangen, und dreihundert Millionen Menschen bekennen sich heute zu ihm.

CATUR-VARNYA

Varna heißt Farbe. Der Catur-varnya ist das „Vier-Farben-Gesetz", die Ordnung der vier Kasten, so wie sie aus Naturgesetzlichkeit überall da entspringt, wo größere Menschenverbände sich zusammenfinden und als Volk in die Weltgeschichte eintreten. In Indien ist man sich dieser Gesetzmäßigkeit bewußter geworden als anderswo, und hat sie sanktioniert, sie zum geschriebenen Gesetz gemacht. Freilich damit auch zum „Buchstaben, welcher tötet".

Das Wort casta haben die Portugiesen eingeführt: Es bedeutet „keusch" und gibt damit das erste Merkmal des Catur-varnya wieder, die Abschließung des Familienverbandes.

Als Brahma die Welt erschuf, da entließ er die vier Gebilde aus seinen Organen: Aus Kopf und Mund die Brahmanas, den Priesterstand, und mit ihm den heiligen Veda; aus Brust und Armen die Kschattriyas, den Kriegsadel; aus Bauch und Schenkeln die Vaischyas, den Bauern- und Handelsstand; schließlich aus seinen Füßen die Schudra-Kaste, die dunkelfarbige Menge der Dienenden.

Wie in einem Organismus jedes Organ seinen Eigenwert besitzt, indem es zugleich allen anderen dient und von allen bedient wird, so hat auch in dieser alten Gesellschaftsordnung jede Kaste ihre eigentümliche Würde. Dem Hindu ist die Kaste (jat), ob hohe, ob niedere, seine Heimat, sein Vaterland, seine Zuflucht und sein Glück. Er erkennt darin den Ausdruck der Ewigen Allgüte. In ihr findet er die Gattin zur Freude im Leben und den Sohn zum Trost im Sterben. Die Ausstoßung aus der Kaste ist das fürchterlichste Unglück, das ihn treffen kann, sie kommt der Todesstrafe gleich. Indiens Gesellschaft ist somit die festestgefügte, die eigentlich ewige Gesellschaft. In unserem Säkulum, welches allerorten die Stände so kräftig durcheinanderquirlt, behauptet sie sich als ein „rocher de bronce" der Vorzeit. Der Erstarrungsprozeß, welcher naturnotwendig in einer solchen ewigen Ordnung — fast ist es wie im Tierreich — eintreten mußte, schreitet unbeirrt durch moderne Ideen im Volk weiter fort. Es bilden sich bei jeder Gelegenheit neue Unterkasten (jat), deren man schon dreitausend zählt. Gandhis maschinenfeindliche Politik hat hierin ihre Volkstümlichkeit. Die Maschine wird hier instinktiv als menschennivellierend empfunden: sie ist kastenfeindlich. Ihre schließliche Auswirkung für Indien ist nicht abzusehen.

Auch der Schudra fühlt sich in der großen kosmischen Ordnung stehend. Nichts liegt ihm ferner als innere Unzufriedenheit mit seinem Stande, mit dieser jat, die ihm Arbeitsschutz gibt und Sorgenfreiheit gewährt. Freilich mag sich auch der „Einmalgeborene" nach dem sozialen Aufstieg sehnen, hinauf in die drei höheren Stufen der Dvija, der „Zweimalgeborenen" (das heißt derer, die schon wenigstens ein Leben als Mensch hinter sich haben) und darüber in den Seinsbereich der Himmlischen, über alle Menschenart hinaus. Aber hier wirkt eben Karma, das Gesetz von der Erhaltung der Energie ins Metaphysisch-moralische übertragen, und dieser Aufstieg geht über die Instanzen der Reincarnationen, über den Tod hinaus. Von der Gültigkeit des Karma-Gesetzes ist jeder Inder innig überzeugt. Er weiß: diese meine jetzige Daseinsform ist die Frucht meines früheren Wirkens — woraus sich eine tiefe Zufriedenheit ergibt.

Karma (oder Karman) ist der Ausdruck für die Ewige ausgleichende Gerechtigkeit. Was dich auch trifft, dir allein hast du es zuzuschreiben, deinem eigenen Wirken in früheren Existenzen oder in der jetzigen. Kein anderer ist schuld, keinem anderen verdankst du es. Dein Werk ist dein Schicksal. Das Gebilde von Name und Körperlichkeit vergeht und vergeht wieder, aber ewig wirkt Karma, und ohne Aufhören entsteht neue Daseins- und Leidensform.

TAJ I MAHAL

Wieder ist eine eisige Nacht, höhnisch pendelt der Tropenhut am Gepäcknetz. Morgens um fünf Uhr steht der Zug in einer weiten Bahnhofshalle. Wo sind wir? Schilder in Devanagari-Schrift: Allahabad. Wir sind im alten Mogulreich. Grauvermummte Pilger steigen aus. Vor meinem Fenster sehe ich einem Jüngling zu, wie er sich den grauen Turban in endlosen Schlingungen um den Kopf windet. Welch herrliches Kleidungsstück ist doch der Turban! Wie verschönt er jedes Gesicht! Es ist, als sei er zugleich mit dem menschlichen Kopf geschaffen, als habe die Natur selbst ihn hervorgebracht. Der Turban ist persönlichster Besitz seines Trägers, das Zeichen seiner Würde und sein Memento mori: Er ist sein Leichentuch.

Die ersten Strahlen des Tages blitzen auf, der Zug durchsaust trockene Ebenen, vereinzelt fliegen Lehmdörfer vorbei und dunkle Baumriesen.

Um neun Uhr sind wir in Agra, und in zweispänniger Karosse, mit einem Diener auf dem Bock und einem Hintenaufsteher halten wir Einzug in des großen Kaisers Stadt. Akbarabad ist ihr wahrer Name (eigentlich Ekberabad).

Genuß eines heißen Bades und der neuen Luft. Bald traben uns zwei Pferde hinaus zum Taj i Mahal.

Welch trockengraues Land! Staubig stehen Gebüsche von Feigenkaktus, Geier hocken bewegungslos im Felde. Am Straßenrand sitzt eine Eskorte von Strafgefangenen, mit Eisenstangen gefesselt. Sie blicken so gequält zu uns herüber, daß wir uns wegwenden müssen. Nach einer Stunde Fahrt halten wir vor einem mächtigen Rotsandsteinbau, dem Portal des Taj.

164

Hat sich ein Spalt ins Reich des Urschönen geöffnet? In der Weite des Torbogens schimmert fern, in weltentrückter Reinheit und Stille, ein Marmordom. Vier hohe Minarette umstehen ihn und scheinen ihn in der Schwebe zu halten. Cypressen bilden ernst Spalier, ein Wasserlauf kommt auf den Beschauer zu, den Bau spiegelnd; es ist tiefe Stille.

Ganz verloren stehen wir im Anblick dieses Traumes, und erst nach Minuten gehen wir auf ihn zu. Langsam begreift das Auge die gewaltigen Ausmaße. Ein Blick hinauf in die blendende Weiße — wie ein Schneegipfel wölbt sich das Riesenrund der Kuppel ins Himmelsblau. Darunter öffnet sich die schattenerfüllte Tornische, als wolle sie etwas von Allahs Paradiesen einfangen. Intarsien-Ornamentik blüht wie Mozartsche Musik, Onyx, Perlmutt und Karneol. Arabische Schriftzüge umfließen das Ganze.

Arjamand Banu Mumtaz i Mahal ist der schöne Name der schönen Frau, die darin schläft. Sie war die Gattin des Kaisers Schah Jehan und starb ihm im vierzehnten Kindbett. Es war im Jahre 1629. Keine Spur von Verfall ist an dem Dom zu sehen. Er steht, wie eben fertig geworden, in blendender Reinheit da.

Dem Schah Jehan ist seine Baulust schlecht bekommen. Er vergaß die Politik darüber und endete als Gefangener des eigenen Sohnes nach jahrelanger Haft. Ein großer König hat hier sein Königreich verbaut. Aber die Welt verdankt ihm das Schönste, was es in Stein gibt.

An der niedrigen Eingangstür des Grabdoms (sie ist von Silber) verneigt sich tief ein Weißbart aus Tausendundeiner Nacht, die Arme über der Brust gekreuzt. Wir ziehen das Schuhwerk ab und stehen im magischen Halbdunkel des hohen Gewölbes. Eine niedrig hängende Messingampel brennt. Da stehen die beiden schmalen Kenotaphe. Kein Wort, kein Name auf den polierten Marmor-flächen. Genau darunter in der Tiefe der Krypta ruhen Kaiser und Kaiserin. Durchbrochene Marmorgewebe umziehen wie Schleier im Achteck die beiden Steine.

Tiefe Stille. Wir sind die einzigen Besucher. Dann klatscht der Alte in die Hände und zweiundzwanzigfaches Echo tost zurück.

Augen und Füße haben sich wundersam erholt — jetzt stehen wir wieder draußen, in dieser Welt von Marmor und halten, geblendet, die Hände vors Gesicht — schnell in den Schatten des Doms! Wir gehen die Wände entlang — sanft und glatt wie poliertes Elfenbein fühlen sie sich an — und ein weites Stromland tut sich vor dem erstaunten Auge auf: Die Jamna. Am Ufer drüben sind schwarze Baufundamente zu erkennen. Dort hatte der Kaiser seinen eigenen Grabdom begonnen — in schwarzem Marmor. Doch die Schergen des Sohnes waren ihm zuvorgekommen. Wahrlich, er hatte genug gebaut! So ruht er denn im weißen Dom neben der Gattin.

Es lockt, einen Blick vom hohen Minarett zu tun, und wir erklimmen die enge Schneckenwindung in halbmeterhohen Stufen. Sitzen nun oben im freien Luftraum geländerlos im Marmorpavillon, der gerade Platz für Zwei bietet. Ringsum die grauen Wüsten des alten Mogulreiches. Grüne Papageien umflitzen schreiend unsere luftige Höhe.

Fern in der Strommitte liegt eine breite Sandbank. Jetzt durchziehen kleine Punkte das niedrige Wasser. Es ist ein Zug von Leuten; deutlich erkenne ich im Glas, wie der vorderste etwas auf den Armen trägt. Ich frage unsern Diener Nur Elahim.

„Es sind parsische Leute; sie legen da ein totes Kind auf den Sand, die Geier werden es gleich wegholen."

Die Leute stehen jetzt auf einem Fleck beisammen und wie herbeigerufen umkreisen zehn, zwanzig Vögel die kleine Totenversammlung. Dann zieht es wieder Punkt für Punkt übers Wasser zurück, und ihren Platz nehmen die Geier ein bei dem einsamen kleinen Leichnam . . .

Und hier nebenan leuchtet der Taj in seiner Herrlichkeit — so nahe wohnen Grauen und Entzücken beieinander.

Vierzigtausend Hände haben in siebzehn Jahren am Taj i Mahal gebaut, dreißig Millionen Mark haben die Kosten betragen. Die Kuppel durchmißt sechsundzwanzig Meter, die goldene Spitze steht fünfundsiebzig Meter über dem Fundament. Der Stein ist

Marmor von Dschaipur, dessen Korn wie Eiskristall glitzert. Auf unzähligen Ochsenwagenkarawanen kam er herangeschlichen und geknarrt durch die erbarmungslose Glut der Halbwüsten. Oder sind sie nachts gefahren unter dem blitzenden Sternenhimmel?

Ein gewisser Austin aus Bordeaux soll der Baumeister gewesen sein. Ich glaube es nicht. Der Taj ist ganz und gar persisch. Möglich, daß Austin — dessen Aufenthalt hier nicht einmal beglaubigt ist — technische Ausrechnungen gemacht, daß er die Pietra dura aus Italien vermittelt hat, die bunte Intarsienarbeit. Auch daß der Schah dem Baumeister die Augen habe ausstechen lassen, damit er nichts Ähnliches mehr baue, gehört ins Reich der Fabel. Dazu war Schah Jehan ein viel zu humaner Mann.

Es ist Spätnachmittag. Tiefer Schatten erfüllt zu dieser Stunde die große Tornische, die Herzgrube des Baus — nun beginnt sie zu sprechen, in der Sprache der Somnambulen. Von der Loggia einer Seitenmoschee aus erleben wir das Schauspiel, wie der Dom in zartem Rosa langsam verglüht bis fahles Dämmerlicht ihn einhüllt und ihm ganz seine Heiterkeit nimmt. Mir ist, als kämen die Formen erst jetzt, da die Tornischen schattenleer geworden sind, zur vollen Geltung. Silbern blitzt schon die dünne Mondsichel darüber und Venus steht nahe dabei, die sanfte orientalische Nacht bricht schnell herein. Drüben lärmt eine bunte Gesellschaft am Taj entlang, Mädchen und junge Leute, sie haschen sich, Schleier und Gewänder fliegen.

Zweite Dämmerung. Wir umwandeln den Dom nochmals, gehen wie träumend in fahler Marmorlandschaft umher, blicken über den abendlichen Fluß, ein Pferdchen schwimmt hinüber. Papageien schießen lautlos ins schwarze Gebüsch der Gärten.

Das Innere des Doms ist jetzt schon ganz in Nacht gehüllt, nur der Dämmerschein der tiefhängenden Filigranampel webt noch im hohen stillen Raum. Ein Muslim ist eingetreten, er kniet mit dem Gesicht nach Westen und macht, ohne uns zu beachten, obgleich wir dicht vor ihm stehen, seine Stirnverneigungen bis zum Marmorboden. Leise beginnt er zu rufen: Allaaaah lillaaaah ... Wie feiner Orgelton zittert es vom Gewölbe zurück.

Wir nehmen Abschied und gehen langsam in zögernden Schritten, immer wieder gewendeten Blicks die breiten Steinfliesen zurück, dem Ausgangstorbau zu. Wie ein Gespenst steht es jetzt da — eine erstarrte Mondscheinsonate. Noch ein letzter Blick — ein allerletzter — und ein großes Erlebnis ist vorüber.

Was die Alten vom großen Zeusbild in Olympia sagten, das mag auch vom Taj i Mahal gelten: Wer ihn gesehen hat, kann nie mehr ganz unglücklich werden.

Totenverbrennung am Ganges

Taj i Mahal
Agra Fort

Marmornes Netzwerk
und Intarsien, Agra

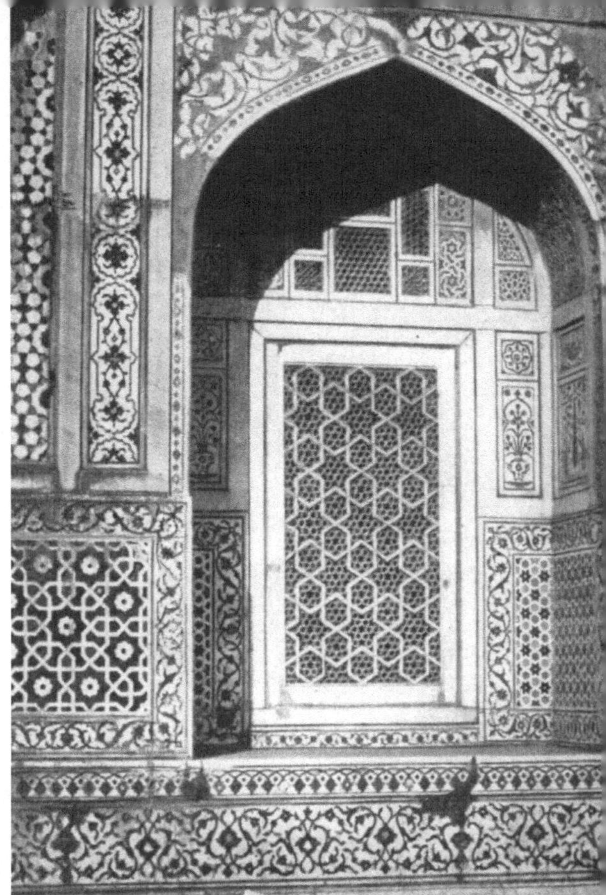

Perl-Moschee, Agra Fort

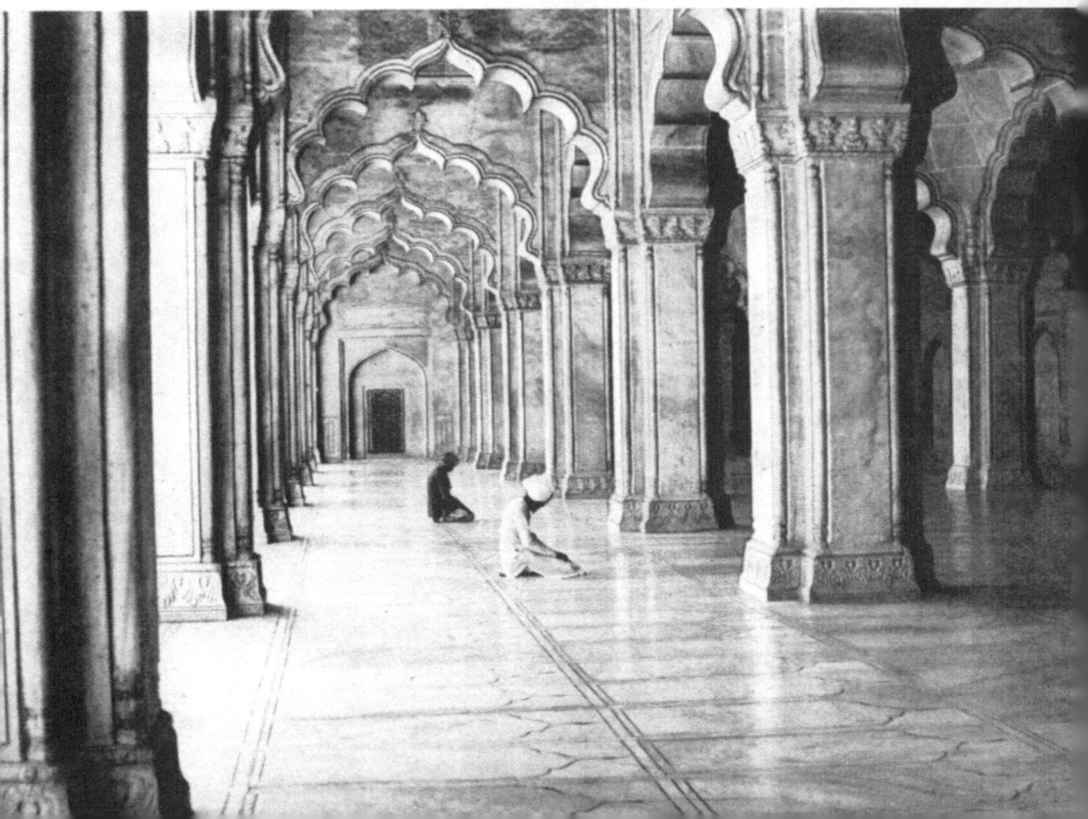

Fatipur Sikri

SCHAH JEHAN'S PALAST

Agra Fort nennt man ihn heute. Ein rotsandsteinerner Festungsblock mit Zinnenmauern und unwahrscheinlich dicken Eisentoren. In seinem Innern birgt er ein weißes Juwel: Moti Madschid, die Perlmoschee.

Man durchschreitet dunkle Riesenportale. Gartenstücke erfreuen, schön gemustert wie Teppiche. Offene Hallen, Kuppeln und Küppelchen in Reihen nebeneinander. Loggien öffnen sich, flache Dächer und zierliche Pavillons, weiß wie Schnee. Das Leben selber wurde zum Kunstwerk hier. Ich will sie nicht alle aufzählen, diese offenen Speise- und Ruhesäle, Panch Mahal, Diwan i Kas, Diwan i Am — unstillbar ist Schah Jehans Baudurst gewesen.

Dann überschreiten wir ein sommerliches Schneefeld (schnell die Schneebrillen aufgesetzt!) — den Marmorhof der Perlmoschee. Ein Juwel von Reinheit stehen weiße Kuppeln dreimal wiederholt im Wolkenlosen. Wirklich drei Perlen, nein, so schön können Perlen gar nicht sein! Das Auge ist ganz außer sich, schon ist der Taj vergessen. Symmetrie und Wiederholung, so kommt mir in den Sinn, ist die Bedingung für diese unmittelbare Freude am Mathematisch-Schönen.

Stille — keine Menschenseele ist im weißen Palast, nur zwei Besucher auf Gummisohlen sind da und Elahim, der barfüßige Diener. Waren diese Bauten jemals im Gebrauch? Mir scheint, sie seien in diesem Jahr erst fertig geworden.

Schah Jehan war ein schwarzbärtiger bleicher Mann mit schönen Gesichtszügen und großen sprechenden Augen. Hat er nicht Ähnlichkeit mit Ludwig von Bayern? Jehan und Ludwig II, beide degenerierte Fürsten aus altem Geschlecht, beide die größten Bauherren ihrer Zeit, beide entthront.

Sein Name bedeutet „Herr der Welt" und wird Schah Dsche-
haan ausgesprochen, mit Betonung der letzten Silbe. Seine Regierung währte dreißig Jahre lang von 1628 bis 1658 und war
äußerst glücklich, die Verwaltung war gut, er selbst leutselig und
tolerant, ein aufgeklärter Despot.

Als der Sohn Jehangirs und Enkel Akbars war Jehan ferner
Nachkomme des furchtbaren Timur Lenk. Schon der Vater war
ein degenerierter Mann, der gern Opium in Wein getrunken hatte,
und es bedurfte der ganzen Frauenlist Nur Jehans, seiner schönen
Gattin, ihn davon abzubringen. Aurang Zeb (Oransib) schließlich,
der Sohn Jehans, war die letzte interessante Gestalt aus dem Timuridengeschlecht (1666—1707).

Um dem Bauwahnsinn Einhalt zu tun, bemächtigte er sich,
wie schon bekannt, der Person des Vaters und sperrte ihn in
dessen selbstgebauten Marmorkäfig ein. Hier im Jasminturm hat
der Gefangene gewohnt, in diesen luftigen Räumen. Im Fußboden
liegt ein Becken, aus dem ein Strahl Jasminwasser emporsprang.
Dort mitten im großen Saal ist noch das kaiserliche WC zu sehen
(schon 1650!) mit Spülung durch den tiefen Marmorschacht und
einem Tischchen davor zum behaglichen Rauchen der Nargileh.

Der kleine schwarz-weiß karierte Hof ist ein Schachfeld. Der
Schah spielte mit lebenden Figuren — dort ist sein erhöhter Sitz,
von dem er das Brett übersah. Ob er wohl jemals eine Partie verloren hat?

Wir treten auf den Balkon des Jasminturms hinaus und ge-
nießen den Blick auf Stromland und Himmel. Fern ein weißes
Kügelchen und vier weiße Nadeln, der Taj i Mahal. Unser
schweigsamer Nur deutet auf ein pupillengroßes Stückchen grünen
Glases im Muster der Wandintarsien: Winzig spiegelt sich der
Dom darin ab wie im Mondlicht.

Keine Türen sind da, keine Vorhänge. Nur gardinenartig
durchbrochene Marmorgewebe halten die Räume in Halbdunkel
und Kühle. Hier in diesem Frauengemach hat der hohe Gefangene
seine letzten Tage verbracht. Ein kleines Fenster im Marmorgewebe
gab ihm den Blick auf den Grabdom der Gattin frei. Den Ster-

benden trug man noch einmal zum Pavillon hinunter, wo er im Anblick des Taj verschied.

Es war am 23. Februar 1666.

*

Wieder trabt der Zweispänner mit uns hinaus, ein Bauwunder zu besehen. Diesmal eine ganz preziöse Sache.

Grauer trockener Park, dunkle Mangobäume, und ein weißes Haus schimmert — nein, eher ein geschnitzter Elfenbeinkasten, das Grabmal Itimad ud Dhaulas. Er war der Großvater der schönen Arjamand und Reichsminister Schah Jehans gewesen.

Drei Zimmer liegen kühl hinter Marmorgardinen, im mittleren steht der schmale Kenotaph — das scheint eher ein Lusthaus für Liebende zu sein als ein Totenhaus.

SCHAH JEHAN'S SÖHNE

Einstmals, als die schöne Arjamand mit Aurang Zeb schwanger ging, gelüstete es sie nach einem frischen Apfel. Es war aber nicht die Zeit der Äpfel. Da nun der ganze Palast ob dieses Wunsches der Mumtaz i Mahal — dies war ihr Ziername, „Juwel des Palastes" — in Aufregung geriet, da trat ein vorher nie gesehener unbekleideter Fakir aus dem Gebüsch der Gärten hervor und hielt einen reifen duftenden Apfel in der Hand. Er legte ihn in Jehans Hände und sprach ihn an: „Von jetzt an werden deine Hände, o Herr der Welt, nach diesem Apfel duften. Solange das währt, wird dein Thron feststehen. Wann aber der Geruch nachlassen wird, dann ist Gefahr im Anzuge, und wenn du ihn nicht mehr wahrnimmst, dann wirst du nicht mehr der Herr der Welt sein."

Von dem Tage an hat Schah Jehan immer wieder an seinen Händen gerochen, immer den Duft des Apfels eingesogen, viele Jahre lang — bis es nachließ ...

Zwei Söhne hatte Arjamand ihm geboren, den älteren mit einem weißen, den jüngeren mit einem schwarzen Herzen: Dara Schikoh und Aurang Zeb. Dara, der Thronerbe von Hindustan, hatte schon als Kronprinz das geistige Erbe Akbars, des großen Ahnen angetreten, er war ein Philosoph und Kenner der klassischen Schriften, ein Schüler des berühmten Mystikers Mollah Schach. Ihm als Erstem verdankt die Welt die Kenntnis der Geheimlehren des Veda, der Upanischaden oder, wie sie im Persischen heißen, des Oupnek'hat. Seine persische Übersetzung aus dem Sanskrit geriet dem Franzosen Anquetil du Perron in die Hände, der sie mit großem Ernst studierte und eine sorgfältige Abschrift davon nach Frankreich mitbrachte.

172

In Paris war die große Revolution ausgebrochen, der Terror tobte in den Straßen. Was ging ihn der Wahnsinn an? In einer Dachkammer über Paris, ohne Heizung, kaum mit Nahrung versorgt, saß er in sein Persisch vertieft und machte sich in den kalten Wintertagen an die Übersetzung. Nach wenigen Seiten jedoch schien es ihm, als sei keine neuere Sprache zulänglich, den Adel jener hohen Gedanken der Vorzeit wiederzugeben. Da griff er zum Lateinischen und brachte es zustande. Und in diesem Werk, dem lateinischen Oupnek'hat, durch den trüben Schleier der doppelten Übersetzung hindurch, fand dann ein Dezennium später Arthur Schopenhauer die grandiose Bestätigung für seine eigene Lehre, und er brach in die begeisterten Worte aus: „... wie atmet doch der Oupnek'hat durchweg den heiligen Geist der Veden! Wie wird der, dem durch fleißiges Lesen das Persisch-Latein dieses unvergleichlichen Buches geläufig geworden, von jenem Geist im Innersten ergriffen! Und aus jeder Seite treten uns tiefe, ursprüngliche, erhabene Gedanken entgegen, während ein hoher und heiliger Ernst über dem Ganzen schwebt. Alles atmet hier indische Luft und ursprüngliches, naturverwandtes Dasein... Es ist die belohnendste und erhebendste Lektüre, die (den Urtext ausgenommen) auf der Welt möglich ist: sie ist der Trost meines Lebens gewesen und wird der meines Sterbens sein."

Doch zurück ins Indien des siebzehnten Jahrhunderts. Eine schwere Blutvergiftung hatte den alten, schon weißbärtigen Schah Jehan aufs Lager geworfen. Noch lag symbolisch sein treues Schwert Alamgir zu Füßen des Ruhebetts. Er hatte sich zeitlebens nie von ihm getrennt, auch in den Nächten nicht. Aber umsonst roch er an seinen Händen — sie dufteten nicht mehr nach dem Apfel.

Aurang Zeb, der zweite Sohn, hatte sich gegen den Bruder erhoben und rückte mit Heeresmacht heran. Noch vertraute der Padischa auf das gute Schwert Dara Schikhos. Bei Amehdabad standen sich die feindlichen Brüder gegenüber. Es war 1658.

Doch statt der Siegesboten Daras erschien ein fremder Eunuche im Palast und überreichte dem alten Vater ein Geschenk des andern Sohnes, einen juwelengeschmückten Kasten. Süßer Hyazinthenduft entstieg ihm, als er ihn in seine Hände empfing. Er hob den Deckel — und das abgeschlagene bleiche Haupt Daras sah ihn daraus mit weitgeöffneten Augen an, sorgfältig vom Blut gewaschen, in Baumwolle gebettet, Bart und Haar waren gekräuselt und parfümiert und auf dem Turban steckte das kronprinzliche Diadem ...

Aurang Zeb war Herr des Reiches geworden.

Schah Jehan, nunmehr ein Gefangener, mußte erleben, daß seine getreuen Minister vergiftete Betelnüsse in goldenen Dosen zum Geschenk erhielten — das war immerhin noch besser als die Hinrichtung durch Kobraschlangen.

Wir verdanken den Bericht dem Nicolo Manucci aus Venedig, der sich als vierzehnjähriger Junge an Bord eines englischen Seglers eingeschlichen hatte und als blinder Passagier nach Indien mitgereist war. Das Schiff hatte den Lord Viscount Bellomont nach Bombay gebracht, welcher als Gesandter der Stuarts den Auftrag hatte, den unermeßlich reichen Mogul anzuborgen. Er erhielt aber nur die herrlichsten Brokate, ein paar wunderschöne Mädchen, ein ebenso schönes Pferd und eine ausweichende Anwort.

DER SCHATTEN GOTTES

Zwei Stunden fährt der Wagen auf glatter Chaussee durch einen einzigen dunklen Laubengang von Mangobäumen, einen schmalen Schattenstrich entlang, der die sonnendurchglühte staubgraue Ebene durchquert. Blaue Tauben fliegen kurz vorm Kühler auf, die ganze Strecke ist wie besät mit diesen Tieren. Auf den Feldern schöpfen Rinder aus tiefen Ziehbrunnen.

Halt vor einem weiten Hügelplateau, die Bäume hören auf, und die Sonne brennt jetzt wütend auf Helm und weißen Anzug. Den ganzen Berg umzieht eine rote Mauer mit Zinnen und Türmen.

„Die Welt ist eine Brücke, geh' hinüber,
Doch gründe deine Wohnstatt nicht darauf!"

Das apokryphe Jesuswort ward ins ferne Indien verweht und steht in schön ausgeschwungenen arabischen Schriftzügen eingemeißelt über dem Rotsandsteinportal von Fatjpur Sikri. Kein anderer Ort im Lande könnte auch das Wort im Wappen führen, nur dieser; denn Fatjpur Sikri ist Kaiser Akbars Pfalz.

Abulfath Dschelaleddin Akbar (gesprochen Ekber), der Philosoph auf dem Thron, war die Blüte aus dem Timuridengeschlecht, der Friedrich des Ostens. Als dreizehnjähriger Knabe bestieg er den Marmorthron seiner Väter am 23. Februar 1556, und war mithin der Zeitgenosse Philipps von Spanien, persönlich aber dessen Gegenstück. Kaum zur Herrschaft gelangt, geriet der junge Monarch mit der geistlichen Macht in Streit. Mit dem Erfolg, daß ihn die Herren vom Grünen Turban, die Ulema's, um gnädige Ge-

währung einer sechsjährigen Pilgerreise nach Mekka ersuchten —
Akbar hat sie fortgeschickt.

Nun konnte er nach seiner Façon regieren. Um seine Freiheit
in Religionssachen zu dokumentieren, heiratete er drei Frauen verschiedenen Glaubens: Die schöne Hinduprinzessin Jodh Bai, danach
Mirjam, die armenische Christin und als dritte eine Tochter des
türkischen Großherrn. Er selber bekannte sich zu allen Religionen
und zu keiner: Er war ein Freund der Mystik. Eine Art Apokata-
stasis panton schwebte ihm vor, die schließliche Rückbringung aller
Wesen zu Gott nach ihrer Weltendurchwanderung in zahllosen
Daseinsformen. Akbar war also doch ein echter Inder. Kein
Wunder, daß er den mohammedanischen Imams als fürchterlicher
Ketzer galt. Nicht einmal die Göttlichkeit des Korans wollte er
zugeben, für ihn war das Menschenwerk.

„Ein Jeder kommt mit dem natürlichen Hange zum Islam zur
Welt", sprachen die Theologen. Akbar nahm sich vor, sie empirisch
zu widerlegen. Er kaufte zwanzig Säuglinge von ihren Eltern ab
und ließ die unglücklichen Würmer in der Abgeschiedenheit von
schweigenden Ammen aufziehen. Der Erfolg war, wie voraus-
gesagt: Von Islam keine Spur!

Mit dem Alter steigerte sich Akbars Abneigung gegen M'ham-
meds Lehre. Moscheen wurden zu Speichern und Ställen, die geistlichen Güter wurden eingezogen, der Koran erhielt sogar den
letzten Platz in der Bibliothek. Nur *eine* Verbindung hielt er noch
aufrecht: Die Sufi, die mystischen Erleber Allaahs, blieben seine
Freunde. (Akbar war somit ein präexistenter Schopenhauerianer.)

Bismillaah! Im Namen Gottes! war der allgemeine Gruß gewesen. Akbar änderte ihn ab in Allahu Akbar! Das bedeutete
freilich zweierlei: „Gott ist groß" und „Akbar ist Gott"
(ekber = groß). Der Kaiser ließ sich die Verwechslung gefallen, er
hörte es auch gern, wenn man ihn den Schatten Gottes nannte, und
meinte der Gottheit näher zu stehen als andere Sterbliche. Kaum
nötig zu sagen, daß die Hindubevölkerung, die ihm Befreiung von
schwerem Druck verdankte, in Akbar bereits den neuen Avatar,
eine neue Verkörperung Gott Wischnus sah. Vor dem Palast hat

immer eine wartende Menge gestanden, die niederfiel, sobald er sich im Fenster zeigte.

An jedem Donnerstag war Philosophie-Abend im Palast von Fatjpur Sikri. Ein besonderes Haus hatte sich Akbar dazu erbaut, den Ibadat Khana, das Disputierhaus. Wir stehen in dem zierlichen Rotsandsteinpavillon mit den feinen Säulen, die das schwere Dach tragen. Der Stein ist wie frisch behauen, die Fenster gähnen schwarz und leer.

Gelehrte aller Richtungen kamen hier zu Wort. Akbar behielt sich sein Urteil vor, er war Skeptiker durch und durch. Wir können uns wohl vorstellen, wie bitter sich der Jesuitenpater Du Jarrie, der am Hofe von Fatjpur Sikri lebte, über die Halsstarrigkeit des Monarchen beklagt hat. „Der rastlose Verstand dieses Mannes beruhigt sich nie bei einer Antwort, sondern fragt beständig weiter." Es mag ihn sehr verdrossen haben, daß sich Akbar schließlich eine Privatreligion aus dem mystischen Kern aller Lehren gezimmert hat. Er nannte das Neue: Din i Ilahi, Glaube an Allaah schlechthin. Diese Form wurde dann zur offiziellen Reichsreligion, sie hat jedoch ihren Schöpfer nicht überlebt.

Vom Dach des Disputierhauses ließ man in warmen Sommernächten ein mattenbelegtes Bambusgestell ins Freie hinunter bis vor das Fenster des ersten Stocks. Ein brahmanischer Pandita hockte darin im Lotussitz, im Fenster saß der kaiserliche Schüler und hörte zu. Warum betrat der Gelehrte nicht das Haus? War es für ihn das Haus eines Unkastigen? Jedenfalls ließ Akbar es sich gefallen.

Die Upanischaden, die Evangelien, die Yogasutras wurden ins Persische übersetzt. Unter seiner Regierung entstand das Hindostani, jene Mischung von Sanskrit und Persisch, die noch heute als Lingua franca ganz Indien sprachlich verbindet. Denn Indien spricht ja zwölf Hauptsprachen und unzählige Idiome!

Angesichts der geistigen Regsamkeit Akbars will man es kaum glauben, daß er — wie Karl der Große — Schreiben und Lesen kaum jemals richtig gelernt hat.

Verwaltung und Finanzen des Mogulreiches waren für die damalige Zeit vorzüglich geordnet. Er hat das Land in fünfzehn Provinzen eingeteilt, die Generalpächter entlassen und Steuerbeamte eingesetzt, die er persönlich kontrollierte. Die verhaßte Kopfsteuer auf die Ungläubigen fiel gleich nach seiner Thronbesteigung. Neue Maße hat er eingeführt, das Münzenchaos eingeschmolzen und einheitliches Geld geprägt. Abul Fazl hieß sein vortrefflicher Minister und Freund.

Das Ackerland war in drei Steuerklassen eingeteilt, wovon die erste Klasse, der Großbesitz, ein Drittel abzugeben hatte, nach Belieben in Bargeld oder Früchten. Wer Land urbar machte, bekam das Saatgetreide geschenkt und blieb außerdem steuerfrei. Neue Landstraßen durchzogen das Gangesreich, und die Reisenden wurden frei beherbergt und verpflegt.

Post, Polizei, Armee waren im besten Zustande. 25 000 Mann standen unter Waffen, viereinhalb Millionen konnten ausgebildet werden. Die Jahreseinnahmen der kaiserlichen Kassen erreichten die märchenhafte Höhe von 600 Millionen Mark. Europa staunte. In welcher Geldnot war doch Carlos Quinto immer gewesen!

Wenn auch die tatsächliche Macht eines Fürsten in damaliger Zeit wenige Kilometer rechts und links von den Landstraßen aufhörte und den räubernden Banden überlassen blieb, so tat Akbar doch alles, um auch diesen Zuständen abzuhelfen. Der Tanzmädchen nahm er sich in eigentümlicher Weise an; er reservierte ihnen ein Stadtviertel und gab ihm den Namen Schaitan pura, Satansstadt. Die Ehe unter vierzehn Jahren hat er untersagt. Eine Sati, eine „gute Witwe", durfte nur noch aus freiem Entschluß den Scheiterhaufen besteigen. Die zweite Ehe der Frau hat er erlaubt und begünstigt.

Akbar schlief nur drei Stunden des Nachts. Er aß einmal am Tage und kein Fleisch. Zum Protest gegen den Koran, das von ihm bestgehaßte Buch, lag der Keller des Palastes voll Wein. Aber der Kaiser hat ihn nicht getrunken. War er doch frei von der Erbschaft der Timuriden, der Becher hat ihm nicht gewinkt. Nur gefiltertes Gangeswasser genoß er zum Mahl, das er allein einnahm, klarbewußt und nicht bis zur vollen Sättigung. Und auch ohne Tischgespräch.

Im Bazar von Kalkutta fand ich eine alte Miniatur mit seinem Bild auf Elfenbein gemalt. Sie zeigt einen schnurrbärtigen Mann mit breitem Gesicht, das die tatarische Abkunft deutlich bezeugt. Seine Hautfarbe ist nach den Berichten weizengelb gewesen. Akbar war gesund, ein Jäger und Soldat. Als Jüngling soll er auf einsamer Landstraße eine Tigerin, die schon einen seiner Gefährten zerrissen hatte, mit dem bloßen Schwert erschlagen haben. Die Falkenjagd war seine Erholung, und als echter Timuride hat er den Krieg geliebt. Sprichwörtlich waren sein Großmut und seine Versöhnungsbereitschaft, selbst gegen Rückfällige. Das hat ihm nicht geringen Ärger eingebracht. Todesurteile wurden in der Residenz nicht ohne dreimalige Zustimmung des Regenten vollzogen. Doch war Akbar nicht frei von Jähzorn. Adham Khan, seinen Milchbruder, den Mörder des Großvezirs, ließ er aus dem Fenster stürzen, und als der Mann noch lebte, ihn zum zweitenmal hinabstürzen. Doch das mag ein Einzelfall gewesen sein. Jedenfalls ging er als erster hinter der Totenbahre her. Zwei Seelen wohnten in Akbars Brust und ein Hang zur Melancholie.

Gegen diese wendete er das einfachste Heilmittel an: Die Arbeit. Akbar war einer der größten Arbeiter seiner Zeit. Auch hierin glich er Friedrich von Preußen. Weil er mit drei Stunden Schlaf auskam, hatte er eben auch zu allem Zeit und konnte in die Details seiner Verwaltung eindringen.

Elefanten- und Kamelskämpfe liebte er sehr. Fünftausend graue Riesen sollen in den Elefantenhöfen gestanden haben. Vor dem Kampf bekamen sie Branntwein ins Wasser gemischt. (Vielleicht waren es aber doch nur fünfhundert, vielleicht auch nur fünfzig.) Die Nächte verbrachte Akbar mit Schachspiel, philosophischen Studien und Bauentwürfen. Seinen weltberühmten Harem wird der Halbasket wohl kaum besucht haben, und die schönen Insassinnen mögen vor Langerweile fast umgekommen sein. —

Wir durchwandern die weite Pfalz, den ganzen Höhenrücken überziehend liegt sie frei über dem Lande. Eine Akropolis von

Neubauten, alles von blutrotem Sandstein, so daß man zuerst glaubt, es seien Holzhäuser.

Divan i Khas, die merkwürdige Audienzhalle. In der Mitte des Saales steigt ein dicker Pfeiler in den ersten Stock hinauf und von den vier Ecken führen Brücken zu ihm hin. Hier nahm der Mogul Platz, während die Schar der Audienten unten wartete. Er hat jeden einzeln heraufbeschieden und öffentlich verhandelt.

Steinernes Netzwerk dämpft überall wundersam das starke indische Tageslicht. Hier ist es nicht mehr von Marmor, sondern von rauhem Rotsandstein. Trotzdem sind es unsäglich feine Gewebe, bloß zolldick und mehr Luft als Stein.

Die holzartige Wirkung dieses Steins läßt es ertragen, daß dünne Säulchen ganz schwere Dachkuppen aushalten. Panch Mahal — das sind gar fünf solcher Säulchenhallen übereinander, von einem ordentlichen Dachgewicht gekrönt. Aber das Ganze wirkt ästhetisch nicht übel, es ist eigentümlich frisch und elastisch. Nach diesen Bauten zu schließen, muß Akbar ein sehr nüchterner Herr gewesen sein. Die Pfalz hat etwas Nordisches an sich, ihr Stein ist kraftvoll und zweckhaft, sie könnte auch in Thüringen stehen oder am Fuß des Harzes.

Wir stehen oben in einer leeren Lufthalle des Panch Mahal, haben eine Schar von Raubvögeln aufgescheucht, die unsere Köpfe umkreisen, zum Greifen nah. Noch zwei Stockwerke höher! Halbmeterhoch sind die Stufen, schmal und geländerlos. Wer hier stürzt, stürzt sich zu Tode, wie es Akbars Vater, dem Großmogul Humayun passierte.

„Na, vielleicht hat da jemand nachgeholfen", meint die Gefährtin und ächzt laut über die „Akbar-Stufen".

Wir überqueren jetzt den weiten Schachhof, auf dessen Feldern sich, wenn der Padischah spielte, lebende Läufer und Springer, Damen und Bauern bewegt haben. Welch buntes Bild muß es gewesen sein! Der Thronplatz im Freien. Wenn der Padischah den erhöhten Stein bestieg, konnte allein der unendliche Himmelsraum den würdigen Hintergrund für seine Person hergeben. Auch im Thronsaal des Palastes war es nicht anders: Hinter dem Herrn der Welt öffnete sich die Wand und gab das Firmament als kosmische Szenerie frei.

Dort drüben stehen die Sommergemächer der drei Kaiserinnen, drei Häuschen zu je einem Zimmer, wieder von blutigem Rotsandstein und von Steinschleiern abgeblendet. Wir treten ins Gemach der Sultanin ein. Das zweite Gebot der Thora: „Du sollst dir kein Bildnis und Gleichnis machen von irgendwelcher Kreatur" gilt auch als ganz strenges Gesetz im Islam. Akbar hat es selbstverständlich mißachtet. Die Zimmerwände sind von Reliefs überzogen: Blumen, Pfauen, Antilopen, es ist ein einziges Gobelin von Stein. Zum erstenmal begegnen wir hier der Spur Aurang Zeb's, des bigotten Urenkels: Er ließ all den Tierbildern aufs sorgfältigste die Köpfe fortmeißeln.

Eine Wanne, das Rosenwasserbad der Frauen. Dort ein quadratisches Bassin, vier Brücken laufen hinüber zur Schlafinsel, wo das kaiserliche Ruhezelt stand. Fließendes Wasser spendete ein wenig Kühle in den heißen Sommernächten. Heute steht nur eine Pfütze grünen Regenwassers darin, in der silberne Fischbrut wimmelt. Dem Willen zum Leben ist das Leben immer gewiß, sagt Schopenhauer; „Lustgebiete" sagen die Buddhisten. Sogar in dieser Steinwüste.

An der Südfront des weiten Quadernhofs ziehen sich flache Säulchenbauten hin, Kwab Gah, das „Haus der Träume", für die kühleren Winternächte. Das Einerlei des Motivs ermüdet schließlich. Schon seit zwei Stunden laufen wir auf den heißen Quadern herum.

Die schöne Jodh Bai muß Akbars Favoritengattin gewesen sein, schon ihres Glaubens wegen. Ihr Privatschloß steht da drüben, eine sonderliche Mischung von Hindutempelstil und dem Spezifisch-Akbarischen hier. Endlich erreichen wir die Ostmauer und durchschreiten das weite Elefantentor. Zwei Rümpfe von rotsandsteinernen Elefanten stehen als riesige Wächter daneben — auch sie mit abgeschlagenen Köpfen. Aber kein Ende ist abzusehen — hier beginnt erst der neuere Teil der Kaiserpfalz!

Ich brauche kaum zu sagen, daß keine Menschenseele uns begegnete. Nur ein Schloßportier war so lange gefolgt, bis er den Tip in der Hand fühlte. Wir sind mit dem Diener ganz allein und spazieren frei durch Säle und Höfe, wo früher alles in Ehrfurcht erstarb. Denn wer sich dem Padischah näherte, der durfte es nur mit Zittern tun, mit echtem oder gespieltem, die Arme über der Brust gekreuzt, und unter keinen Umständen durfte er so vermessen sein, etwa in die Sonne des kaiserlichen Angesichts zu blicken — so forderte es das Zeremoniell des damaligen fürchterlichen Absolutismus.

Unsere Kräfte sind fast am Ende, aber rechtes Reisen ist nun einmal eine Aufgabe — also frisch voran!

Noch ein unwahrscheinliches Riesenportal steht hoch im blauen Himmel, Baland Darwaza, es ist die Höhe der Pfalz. Kolonien schwarzer Schwalbennester kleben in der weiten Wölbung. Wir erklimmen es auch noch, stehen nun oben zwischen dreizehn weißen Küppelchen, genießen einen kühlen Luftzug und den weitesten Blick über die Palast-Stadt des Padischah von Hindostan und über sein graues Reichsgebiet. Es scheint den armseligen Völkern von damals genügt zu haben, wenigstens *einen* Menschen ganz reich und glücklich zu wissen — aber glücklich ist auch der nicht gewesen. Wie menschlicher Irrsinn sich doch so mannigfaltig äußert!

Zu Füßen liegt die verlassene Stadt, die sich heute wieder mit Bewohnern füllt — wovon sie leben ist ein Rätsel.

Am Ende wird das müde Auge durch ein reizendes buntes Juwel entschädigt. Wieder ist es ein Grabmal, das des Schim Tschisti. Ein Pavillon, ganz und gar aus schillerndem Perlmutterschliff von oben bis unten. Das marmorne Gitterwerk ist rührend von bunten Wollfädchen durchknüpft, wodurch gläubige Frauen den Geist des freundlichen Schim um Sohnesgeburt bitten. Denn dafür ist er Spezialist.

Die große Burgzisterne, grasgrünes Regenwasser in rotem Sandstein, ist ein Farbenglück. Für zwei Annas springt ein brauner Junge zwölf Meter in die Tiefe hinab und durchschwimmt das Grüne.

182

Weite Fluchten von Moscheenhallen, zur Abwechslung sind sie jetzt wieder marmorn und bunt intarsiert, eine kalte Pracht. Das stammt von Jehangir, dem Sohn der Jodh Bai; denn Akbar hat ja keine Moscheen gebaut. Ein einsamer Moslem erhebt eben die Stimme zum Abendgebet — laut hallt der Gesang aus den leeren Räumen zurück, Alaaah lillaaah ...

Hungrige Eichhörnchen kommen angesprungen, die grauen Eichhörnchen Indiens. Ich finde noch etwas Brot in den Taschen.

Die verwunschene Rotsandsteinpfalz! Nur sechsunddreißig Jahre lang hat hier das Leben pulsiert, hat die grüne Sonnenfahne des Großmoguls geweht, sind die bunten Scharen der Diener und Dienerinnen über die weiten Höfe gezogen, die Aufzüge, das Militär und der Elefantentroß. Schwarzäugige Haremsfrauen, die so unsagbar zierlichen Frauen Indiens trippelten auf feinem Schuhwerk durch den Abend, um etwas Luft zu genießen, denn vom bunten Zuckerzeug allein kann man nicht leben. Der Daseinsinhalt reicher Haremsdamen war damals: Schmuck, feine Seide, Düfte, Naschwerk von Rosenaroma, viel Klatsch und ein wenig Erotik — sonst gab es keine Abwechslung. Nicht einmal die Mode änderte sich in den Jahrhunderten.

Den Lebensabend Akbars umschattete das Los aller Cäsaren: Thron und Reich standen fest, aber in der Familie waren sie glücklos. Das Erbübel der Timuriden trat in den jüngeren Söhnen wieder ans Licht, sie starben am Delirium tremens noch zu Lebzeiten des Vaters. Jehangir, der Thronfolger, war, wie schon berichtet, in der gleichen Gefahr. Dazu von Charakter und Intellekt des Vaters Gegenstück. Schließlich war er nicht unbeteiligt gewesen am Tode des getreuen Abu Fazl.

Ein Darmleiden warf Akbar aufs Lager, und er endete sein Leben in Resignation am 15. Oktober 1605.

Mit ihm starb Fatjpur Sikri.

SIKANDRA

Allein schon das Eingangsportal ist ein wunderschönes Schlöß-
chen. Es führt aber erst auf den großen Sommerpalast zu, der nicht
für Lebende, sondern nur einem Toten erbaut ward: Sikandra ist
Akbars Grabmal.

Inmitten eines grauen Parks — Gazellen grasen unter dunklen
Bäumen — steht es, erbaut aus Blutsandstein mit Marmorkuppen.
Wieder erscheint es wie ein Holzbau, diesmal mit weißgestrichenem
Obergeschoß.

Wir steigen ins Grabgewölbe hinunter und treten an den
schmalen Sarkophag, der den Namen Akbar trägt, sonst nichts.
Jedes weitere Wort hatte sich der Philosoph verbeten. Wie
Schopenhauer. Und noch im Tode protestierte der Denker: Er liegt
nicht, wie jeder andere Muselman, in der Richtung nach Medina,
sondern nach Osten, der aufgehenden Sonne zu.

Wir sind zum vierten Stock hinaufgestiegen — er ist ganz von
weißem Marmor — und haben Adler aufgescheucht, die in den
Loggien nisten. Die Dachterrasse ist wieder ganz von marmornen
Gardinen umfriedet, doch lassen sie nach jeder Weltgegend hin
ein Fensterchen im Spitzengewebe offen. Wir schauen durch die
kleinen Vierecke nach allen Seiten in den Abend hinaus und genießen die schönste Stimmung... Groß und bedeutend steht in
jeder Himmelsrichtung ein ruhiger Portalbau in gemessener Ferne.
Wie sich die hohe Tornische öffnet — das muß wohl einem ver-
borgenen kosmischen Gesetz abgelauscht sein, anders ist die erhabene Wirkung nicht zu begreifen. Solche Räume öffnen sich in
der Seele, wenn Meister Bachs Chöre überraschend die Tonart
wechseln ...

Unter freiem Himmel, im Mittelpunkt und auf der Höhe der
Terrasse steht der Kenotaph mit den neunundneunzig Namen

Allaahs. Nahebei ein Postament, in welchem der berühmte Stein von Golkonda ruhte, der Diamant Ku-i-nur, „Berg des Lichts". Jehangir hatte ihn hier niedergelegt zum Wahrzeichen von der Größe des Vaters. Heute schmückt er die britische Reichskrone.

Mit Jehangir, dem Sohne der Jodh Bai, begann, wie schon gesagt, die Dynastie von ihrer Höhe herabzusteigen. Ihm folgte sein zweiter Sohn, Prinz Kurram — uns als Schah Jehan bekannt. Sein Weg zum Thron führte über die Leiche des Bruders. Wieder war es ein zweiter Sohn, der blutige Aurang Zeb, der als Brudermörder folgte.

Aurang Zebs Regierung war höchst unglücklich, er konnte bei all seiner Energie den Verfall des gewaltigen Reichs von Indien nicht aufhalten. Von Süden waren die Mahratten, von Norden die Perser eingebrochen, und der Kaiser starb im Jahre 1706, von vielen Feldzügen körperlich und seelisch erschöpft. 1739 ward der Marmorthron Babr's endgültig zertrümmert. Eine Zeit des „Westfälischen Friedens" begann für Hindostan, mit vielen hundert Rajas und Maharajas und so manchen Starken und Schwachen Augusten, die am Ganges weit ärger waren als an der Elbe — bis Britanniens Arm damit aufräumte.

Noch einmal riefen beim großen Aufstand von 1857 die Truppen einen Padischah aus, Bahadur, den greisen Abkömmling der Großmogule — dann schwand auch dieser letzte Schatten und die große Dynastie Timurs gehört für alle Zeiten der Vergangenheit an.

Nur in Benares lebt noch ein privater Herr in sehr beschränkten Verhältnissen, der als rechtmäßiger Erbe den Pfauenthron für sich in Anspruch nimmt; aber er ist ohne Ansehen und nur dadurch bekannt, daß sich das britische Gouvernement ein wenig für seine Person interessiert und sogar seiner Geldklemme gelegentlich abhilft.

Rückfahrt von Sikandra. An der Straße steht ein moscheenartiger Bau, das Mausoleum eines Pferdes. Abkar, der Mensch, hat es dem befreundeten Tier errichtet.

BOMBAY

Vierundzwanzig Stunden saust der Expreß von Agra nach Bombay durch trockene graugelbe Landschaft. Kaum ein Mensch, kaum ein Tier ist zu sehen, nur vereinzelte Bäume und strohernes Grasland. Ein Gewitter geht nieder, aber der Regen kommt zu spät für die Erde, die Verdurstende vermag ihn nicht mehr aufzunehmen, es bleibt in Pfützen über dem Trockenen stehen, um wieder zum Himmel zu verdunsten. Wir liegen allein auf unseren I. Class-Couches in dem langen Wagen, kein Reisegefährte gesellt sich zu. Die Fenster sind dreifach abgeblendet gegen Sonnenlicht und Staub.

Der Zug durchschneidet die Ghatgebirge. In der Ferne türmen sich Basalte zu schroffen Graten. Es wird heiß und staubt sehr.

In Bombay sind schwere Unruhen ausgebrochen. Die Spinnereien streiken. Hundertvierzig Tote sind in den Straßenkämpfen geblieben, das Militär hat eingegriffen und die Blacktown ist leider! gesperrt — so werden wir Bombay kaum zu sehen bekommen.

Wir wohnen im Taj Mahal Hotel, dem größten Asiens und dem mit dem albernsten Namen. Vor unsern Augen leuchtet die Bom Bahia, die Schöne Bai, die ihren Namen wirklich verdient. Es ist der günstigste Naturhafen der Welt. Quer davor lagert breit ein Inselgebirge wie der Rücken eines im Bade untertauchenden Elefanten, die Insel Elefanta. Bis an den Horizont flimmert das Wasser in kleinen Wellen von zartestem milchigem Graubraun — es ist genau die Farbe des Rauchtopases.

Bombay ist die Stadt des buntesten Volks: weißgewandete Hindus, farbenfreudige Moslims und Parsifrauen in wehenden feuerroten Saris; eine einzige Flamme vom Scheitel bis zur Sohle. Der Sari ist aus einem Stück, sechs Meter lang, er liegt genau in der Mitte des Scheitels auf, merkwürdigerweise ohne jemals abzurutschen, und das Antlitz schaut ganz frei heraus. In der Hüfte wird er zum Rock gerafft. So malerisch die Frauen, so spießig sehen die Männer im europäischen Schwarz aus. Aber kein Hut kann so häßlich sein wie der schwarze randlose Wachstuchzylinder des Parsen, der zu aller Unform noch mit Ventilationslöchern durchstanzt ist. Seine Träger sind die letzten hunderttausend Abkömmlinge des alten persischen Zarathustravolks, das hier im indischen Exil lebt. Sie sind zumeist reiche Fabrikanten und Zeitungsverleger, und ein gut Teil der ewigen politischen Unruhen geht auf Rechnung ihrer vielsprachigen Presse. Die Parsi selbst sprechen Gudscherati, das Idiom dieses Landesteils. Sie sind ausnahmslos wohlhabend und westlich zivilisiert, und nichts würde sie von den hier lebenden Fremden unterscheiden, hätten sie nicht ihre eigentümliche Totenbestattung.

Wir fahren hinaus zu den Türmen des Schweigens. Auf dem Höhenzug der Malabar Hills mit lieblichster, fast neapolitanischer Aussicht auf Bai und Stadt stehen inmitten des Villenviertels und der hängenden Gärten zwei kreisrunde Mauern, nüchtern wie Zitadellenwerke. Etwa dreißig riesige Geier hocken darauf und heben sich vom blauen Himmel ab. Das Mauerwerk ist vom weißen Unrat der Vögel wie getüncht.

Die drei Elemente: Flamme, Wasser und Erde sind zu heilig, als daß Verwesung sie berühren dürfte. So bleibt dem toten Parsi nur das Verdauungsfeuer der wilden Tiere, um die Überreste des Lebens zu beseitigen, und das besorgen diese Vögel hier.

Auf dem breiten Wege des Gartenparks kommt uns eine weißgekleidete Trauergesellschaft entgegen, welche dem verstorbenen jungen Mädchen das letzte Geleit bis an die niedrige Eisentür des Turms gegeben hat. Die Totenträger — sie sind, obgleich Parsen, von unberührbarer Kaste — haben ihre Last hineingetragen und die Tür hinter sich abgeschlossen. Nie hat, außer ihnen, jemals ein Lebender das Innere betreten.

Drei konzentrische Kreise, deren jeder wie die Roulette in Mulden eingeteilt ist, nehmen die dumpfen Gäste auf: der Außenring die Männer, der mittlere die Frauen, der innere die Kinder. Was vom Fraß der Vögel übrigbleibt, spült der Regen ins Zentrum der Anlage, einen weiten Brunnenschacht hinein.

Jetzt haben die Träger da drinnen die Tote niedergelegt und ihr mit langen Eisenzangen die Gewandung abgerissen, und schon erhebt sich lauter Flügelschlag von allen Bäumen des Parks. Die Geier kommen zum Mahl. Und nun findet das für unser Empfinden so unausdenkbar Häßliche statt... Der Parse, der uns führt, weist nochmals auf die eiserne Tür hin. „Sie ist die Tür zum Jenseits. Noch nie kehrte zurück, wer durch sie hineingetragen wurde." „Aber wenn es ein Scheintoter war?" „Auch dann nicht!" versichert er kopfschüttelnd und mit tiefem Ernst.

Die weißgewandeten Totenträger kommen jetzt mit der leeren Bahre zurück. Ein riesiger Vogel entschwingt sich mit schwerem Flügelschlage der Palmkrone, unter der wir stehen, dem Turme zu.

Rückfahrt durch die schöne Villenstadt der Parsi. Ihr Tempel des Heiligen Feuers ist von den anderen Villen nicht zu unterscheiden. Das Feuer wird vor dem Anblick profaner Augen streng gehütet und keinem Nichtparsi ist der Zutritt vergönnt.

DIE HÖHLE DER TRIMURTI

Das lärmende Motorboot mit einer Weltreisegesellschaft an Bord saust quer durch die Bai, hinüber zur Insel Elefanta.

Die helle Bai! Ihre Wasserfläche ist ein einziges Flimmern von Rauchtopas, wenn das Licht die Wellenspitzen durchflutet, werden sie zu Rosenquarz. Eine Segelbarke, hoch mit Strohwürfeln beladen, schwimmt vorüber — das Bild ist eine bezaubernde Komposition in Halbfarben. Im Dunst die ferne Großstadt.

Auf halber Höhe des bewaldeten Bergrückens liegen die schwarzen Grotten. Wir treten ins Halbdunkel des niedrigen Säulentempels ein und stehen vor der berühmten Felsenwand der Trimurti, der Indischen Dreifaltigkeit.

Brahma — Wischnu — Schiwa bilden die drei Aspekte des Kosmos: Werden, Bestehen, Vergehen. Der Dreitakt der Welt. Das ganze Leben, das Jahr, der Tag, jede Tageszeit, ja jeder Atemzug geht in den dreien auf. Selbst in den alltäglichsten Handlungen sind die drei wiederzufinden. Jeder Haushalt dreht sich in ihrem engen Kreise: der gedeckte Tisch — die Mahlzeit — der abgegessene Tisch.

Der Beginn jeder Weltperiode steht unter dem Aspekt Brahmas, des Schaffenden Prinzips. In der unsrigen war es die Entstehungszeit der Veden. Dann regierte Wischnu. Wir haben seine Tempel im Süden gesehen; vom vierten bis achten Jahrhundert unserer Zeitrechnung galt alle Verehrung ihm, dem Erhalter. Und jetzt herrscht Schiwa. Der Kosmos, heißt es, steht im Aspekt des Fertigen, Vernichtungsreifen, und alle Ordnung löst sich auf. Bis das Ganze von neuem beginnt, im ewigem Dreitakt.

Da stehen wir klein und unbedeutend vor dem personifizierten philosophischen Weltbegriff in schwarzem Basalt: Drei riesige, hochgekrönte Häupter, übermannsgroß, scheinen bis zur Brust aus der Erde heraufgestiegen. Die Höhlen sind heute nur noch Überreste einer wilden Verwüstung, die einmal stattgefunden hat — wer weiß wann — das brahmanische Indien hat ja keine Geschichte.

Hat man in Indien zu tief begriffen, daß nichts Neues unter der Sonne geschieht? Daß sich alles nur immer wieder im gleichen Sechs-Sinnengebiet abspielt, im gleichen Dreitakt, wie dieses Höhlenbild es darstellt? Das Individuum mag da seine innere Geschichte haben, das Ganze hat keine.

Die dicken gerillten Barocksäulen, welche früher die Decke scheinbar trugen, sind weggeschlagen, wie wenn sie ein Riese mit einem einzigen Hammerschlag getroffen hätte; nur ihre Füße stehen noch da, und die Kapitelle hängen sinnleer in der Luft. Doch der große Dreikopf ist unversehrt. Die geschwollenen vorgeschobenen Unterlippen geben den drei Göttern den Ausdruck von Leuten einer stolzen Kschattriya-Sippe. Wellenlinien von hellerem Gestein durchziehen die Gesichter, wie wenn ein feiner Schleier, leise vom Winde bewegt, über sie hinwehte. Tauben nisten hinter Brahmas Haupt und girren.

Nun, es soll gar nicht Trimurti sein, sondern Schiwa allein, in allen drei Köpfen (trimukha), sagt die neuere Archäologie. Ich will's ihr glauben, es ist belanglos. Bisher galt die Höhle als eines von den so seltenen Brahmaheiligtümern. Prachtvoll und ein Höhepunkt des Kunsterlebens auf dieser Reise sind die Wandskulpturen nebenan. Deutlich ist hier Gott Brahma mit vier Köpfen zu erkennen und Indra, der Götterkönig, wie er den Taten Schiwas aus den Lüften zuschaut.

Wie kommen die indischen Götter zu den vielen Köpfen? Da stand Tilottama, die Krone der Schöpfung, das schönste aller Weiber im Göttersaal. Und wie sie Brahma umwandelt, bleibt er unbewegt, aber aus der Begier sie anzuschauen, wachsen ihm nach den vier Himmelsrichtungen hin vier Gesichter. Indra aber wird ganz zu Auge, indem unzählige Augen an seinem ganzen Leibe entstehen.

190

Ach, diese Gattinnen! Wie wunderschön, wie verführerisch tritt Parwati aus der Wand heraus, hoheitsvoll in ungezwungener Haltung, das schwere Himmelsdiadem leicht wie eine spanische Mantilla tragend.

Eine ganze Zimmerflucht liegt noch im schwarzen Gestein des Berges. Souverän thront dort eine Gottheit in der Felsennische — ich will nicht ihren Namen wissen, ich will nur etwas von der hoheitsvollen Ruhe ihres Samadhi in mein unruhiges Reise-Cittam einströmen lassen . . .

Doch da tutet das Riesenschiff seine Häftlinge an Bord zurück! Das Souper wartet. One hour only — sie haben gerade Zeit zum Knipsen gehabt. So wird die Welt im schwarzen Kasten aufgefangen, und die Camera obscura des Gehirns bleibt leer.

Lebt wohl, ihr schwarzen Felsen, vom indischen Sonnenlicht durchwärmt! Lebt wohl, ihr ruhevoll-lebendigen Gestalten — nur ein wenig mehr noch, und ihr würdet wirklich leben! Ihr habt uns aus euren Nischen herab den letzten Blick Indiens, den letzten Gruß dieses unvergleichlichen Landes zugeschickt.

Draußen hocken zwei Riesengeier auf einer versengten Palmenkrone.

ABSCHIED VON INDIEN

Übermorgen geht unser Schiff von der Peninsular & Orient Line, wir zählen die Stunden bis zur Einschiffung.

Im großen Diningroom des Hotels tafelt eine parsische Hochzeitsgesellschaft. Während wir unser Curry-Huhn verspeisen, erfreut uns der bunte Anblick all der Frauen-Saris, die lange Tafel entlang. Es gehört wohl hier zum guten Ton, das Fest im europäischen Hotel zu feiern, und mit abscheulicher Musik.

Die Nachtruhe des teuren Hotels wird beeinträchtigt, die Gefährtin schreckt aus dem Schlafe, denkt wieder an Panther und Kobra, kann aber zu ihrer Beruhigung feststellen, daß es bloß riesige Ratten sind (die man hier nicht töten mag).

Wir haben die letzte Kabine des überfüllten Schiffes bekommen. Um die Mittagszeit schiffen wir uns ein. Um vier Uhr stehen wir am Heck und schauen ins Kielwasser, hinter dem die Stadt im Dunst entschwindet. Noch heben sich die Malabar-Hügel vom Horizont ab ...

Nach fünf Ruhetagen auf dem Ozean kommen die hellen Gebirge Arabiens in Sicht. Um Mitternacht stoppt die Maschine. Wir liegen auf Reede vor Aden. Im hellen Mondschein legen flache Kohlenkähne backbords an, und die unmelodischen Gesänge der schwarzen sacktragenden Heinzelmännchen tönen herauf.

Die Pinasse bringt uns hinüber — so mag die Landung eines Raumschiffs auf einem erkalteten sonnenfernen Planeten sein. Fahrt durch die Mondlandschaft der toten Felsenberge, dann durch die schlafende Stadt. Nicht ein Lebewesen ist zu sehen, kein Mensch, kein Tier, kein Baum, kein Gras. Diese Stadt mit dem Paradiesesnamen ist die ödeste und heißeste der Erde, nur der Golf davor mag ein Eden sein — für Haifische; ein Badeplatz für Selbstmörder.

Die beiden Kostbarkeiten Adens aber sind Regenwasser und Petroleum. Das eine wird in Wassertanks aufgefangen und ermöglicht den dreißigtausend Menschen der Stadt die Daseinsfristung. Das andere ist von der Anglo Persian Oil Co. herangebracht und steht in kreisrunden Metalltanks zur Vervollständigung des Landschaftsbildes vor den toten Bergen. Aden ist eine der Säulen des Britischen Weltreichs.

Unser Postdampfer tutet uns zurück. Am Kai bietet man Rosenlimonade, Straußenfedern und Haifischrachen feil.

Kaum ist der letzte Kohlenträger von Bord, so läuft das Schiff auch schon in voller Fahrt durch die Mondnacht, der Straße von Bab el Mandeb zu. Keine Minute hat der Captain verloren, die Kohlenprämie treibt ihn voran. Je niedriger der Kohlenverbrauch, desto höher ist seine Provision — hier dreht sich alles um Kohle. Sogar die schwarzen sternleeren Räume im Himmel des Südens hat die hochfliegende Phantasie der Seefahrer nicht schöner zu benennen gewußt als den „Kohlensack“. Und die Insel Perim nennen sie „des Teufels Punschkessel“.

Der südliche Sternhimmel hat nicht die schönen Bilder des nördlichen. Das berühmte Kreuz des Südens ist nur ein kleines, schiefes, schwer auffindbares Viereck. Dennoch, wie reizvoll war es auf der Ausreise gewesen, unseren Polarstern immer tiefer sinken zu sehen, bis er fast auf dem Horizont lag.

Wir haben aufgehört, nach dem Kalender zu sehen. Schon ist die Sandwüstenstrecke dieser Seereise, der Kanal von Suez passiert, wir ziehen wieder durch die Enge von Messina und an den schwarzen Lavamassen des Stromboli vorbei.

Der Scirocco kommt von Süden herauf, und nun heben Wellenberge von Steuerbord her den eisernen Koloß, rollen seitlich unter ihm weg und hinterlassen Verzweiflung an Bord. Noch liegt man an Deck in frischer Luft, wenn auch in Sterbensstimmung, doch nur so lange, bis eine derbe Rutschpartie gegen die Reling den weiteren Aufenthalt im Freien unmöglich macht. Zwei

indische Stewards waren auf allen Vieren herangekrochen, die
Lady zur Tür zu bringen. Jetzt liegen wir eingekerkert im Ka-
binenraum, der sich mit jeder neuen Welle für Sekunden voll-
ständig verdunkelt. An Essen ist nicht mehr zu denken, der Hunger
brennt, und innerer Frost durchzieht die Eingeweide. Die Ka-
binenluft verbraucht sich, das Auf- und Niederschweben der Bett-
kojen erzeugt eine endlose, entnervende Quietschmusik in den
Spiralfedern. Jede neunte oder zehnte Welle donnert wie ein los-
gehendes Geschütz gegen die Eisenwand und läßt das Schiff in
allen Fugen erzittern. An Schlafen ist also auch nicht zu denken,
und somit kostet der Seekranke einen Zustand aus, der an die
Qualen des Fegfeuers gemahnen mag.

> „Der Körper, ihr Mönche, ist nicht das Selbst,
> die Empfindungen sind nicht das Selbst ..."

so zieht die alte Buddha-Weisheit monoton und wirkungslos durch
das Gemüt.

Irgendwann in der Nacht hat das Brummen der Maschine aus-
gesetzt. Ich beobachte, wie sich die Nadel des Taschenkompasses
langsam dreht — das Schiff treibt ohne Kurs. „Something is
broken", berichtet der braune Steward. Ich steige in den Speisesaal hinauf, um mir die Bescherung anzusehen, wo das Wasser ein
Bullauge von zwei Zoll Dicke eingeschlagen und die schwere
Messingfassung verbogen hat wie einen Monokelring. Während
zwei Stunden lang mit Bohlen und Brettern gebastelt wird, tanzt
der Riesenkahn in der Straße von San Bonifazio zwischen Sar-
dinien und Korsika auf und nieder. Dann brummt die Maschine
wieder in die Nacht hinein, auf Marseille zu.

Zwischen den Möbeltrümmern des Damensalons finde ich noch
ein feststehendes Sofa, und endlich gelingt es, trotz Hungers und
Kälte einzuschlafen.

„Two hours to Marseille", hat schon seit vielen Stunden der
irische Matrose versichert, der mit den roten Schnurrbärten über
den wasserfarbenen Seemannsaugen, die ihr Leben lang nichts als
Horizont gesehen haben.

194

Doch auch das nimmt ein Ende, das Schlingern läßt nach, es hört auf, da blitzt ein Lichterstreif im Dunkel, und ich eile freudig hinab, die Ankunft zu melden . . .

Marseille, Hotel Britannique, sept heurs du matin. Chateaubriand mit Grand Bordeaux, verstaubt im Körbchen serviert. Noch nie hat ein Frühstück so gemundet. Aber der Speisesaal rollt und schlingert noch immer.

Wir schauen vom Turm des Straßburger Münsters hinab. Kalte Schauer pfeifen durch den regenschwarzen Stein, grau ist der Himmel, farblos das Dächerchaos da unten, die schwarzen Punkte, die über den nassen Münsterplatz ziehen, das sind Menschen. Werden wir uns je wieder zurückgewöhnen? Die aufgelösten Akkorde dieser steinernen Melodie, sie sagen uns nichts. Vor dem inneren Auge steht ein weißer Marmordom in Sonnenglut — wir fühlen: wir sind Fremdlinge hier geworden, wir scheinen Wesen, die aus der Fülle des Lichts in graue Verbannung geraten sind kraft unguten Karmas, und sprechen kein Wort . . . Da tritt Goethe, der gute Geist dieses Bauwerks, zu mir heran und tröstet mich: auch ihn zog es aus Licht und Süden unwiderstehlich in die Verbannung zurück.

ZITATEN-NACHWEIS

Aus dem Pali: Dhammapadam, Der Wahrheitspfad; die Reden des Gotamo Buddho aus der Mittleren Sammlung; Theragatha-Therigatha, Lieder der Mönche und Nonnen Gotamo Buddho's. Alle drei Texte von Karl Eugen Neumann übersetzt, München, R. Piper & Co. — Die Reden des Buddha aus dem Anguttaranikaya, Viererbuch; Visuddhi magga, Der Reinheitspfad. Beide Texte von Nyanatiloka übersetzt, Oskar-Schloß-Verlag, München-Neubiberg.

Aus dem Sanskrit: Sechzig Upanischaden des Veda, von Paul Deussen übersetzt, Brockhaus, Leipzig, 3. Auflage 1938.

Die Reise-Aufnahmen des Verfassers sind zum größten Teil vernichtet. Die Abbildung der Felsenskulptur von Polonnaruwa ist mit gütiger Erlaubnis von Herrn Dr. Hürlimann dem Werk „Der Erdkreis", Atlantis-Verlag, Berlin/Zürich 1935, entnommen worden. Das Völkerkunde-Museum in Berlin-Dahlem stellte liebenswürdigerweise eine Anzahl von Fotos zur Verfügung. Beiden sei an dieser Stelle der herzliche Dank ausgesprochen. — Die Abbildungen des Rundtempels von Polonnaruwa und des Sigiriya-Felsens entstammen dem Werk von Nawrath, Indien und China, Verlag Schroll in Wien, 1940.

Die Abbildung der Pagode in Mahavellipuram wurde von Herrn Dr. F. Stoedtner, Düsseldorf, das Bild der Elefanta-Höhle in Trimurti von „Foto Marburg" freundlicherweise zur Verfügung gestellt.

Es seien dem Leser, der sie noch nicht kennen sollte, zwei Bücher warm empfohlen: Worte des Ramakrischna, übersetzt von E. v. Pelet, Rotapfel-Verlag Zürich (F. A. Brockhaus, Stuttgart); C. Vogl, Sri Ramakrischna, Ein Prophet des neuerwachenden Indien, Rich.-Hummel-Verlag, Leipzig (beide Titel sind z. Z. vergriffen).